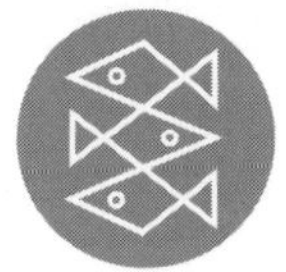

AF547077

Holz bleibt der unangefochtene Weltmeister der Vielseitigkeit. Holz ist ein Wunder.
Je mehr man dem Holz sein Gesicht lässt, sich über seine Unebenheit, über seine Landkarte aus Maserung und Ästen freut, desto mehr wird dem Blick Halt und Geborgenheit gegeben. Es braucht im Leben die ruhigen Stunden in der Natur, das Innehalten und stille Schauen. Wissen und Lernen werden besonders wertvoll, wenn sie an den Geheimnissen des Lebens rühren. Genau diese Erfahrung gelingt im Wald, unter freiem Himmel. Wir brauchen die Erdung dort draußen.

Das Buch enthält auch Erwin Thomas Holz-Mond-Kalender für die Jahre 2019 bis 2029. Eine praktische Unterstützung für viele Entscheidungen.

Erwin Thoma, geb. 1962, ist in Bruck am Großglockner aufgewachsen. Seine Liebe zur Natur ließ ihn früh den Beschluss fassen, Förster zu werden. Begegnungen mit Geigenbauern, die bei ihm Holz für ihre Instrumente suchten, Holzknechten, die Mondholz ernteten, und Zimmerleuten, die ihm altes Holzwissen erzählten, sensibilisierten ihn für das Potential, das in Bäumen steckt. Sein Wissen über Bäume setzt er in seiner eigenen Holzbaufirma ein, um Häuser aus 100 Prozent Holz zu bauen – ein Weltpatent. Erwin Thoma lebt in Goldegg in Österreich und hat mehrere Bestseller zum Thema Holz und Bäume geschrieben.

Weitere Informationen finden Sie unter www.fischerverlage.de

Erwin Thoma

DIE RÜCKKEHR DER BÄUME IN UNSER LEBEN

FISCHER Taschenbuch

Aus Verantwortung für die Umwelt hat sich der S. Fischer Verlag zu einer nachhaltigen Buchproduktion verpflichtet. Der bewusste Umgang mit unseren Ressourcen, der Schutz unseres Klimas und der Natur gehören zu unseren obersten Unternehmenszielen.

Gemeinsam mit unseren Partnern und Lieferanten setzen wir uns für eine klimaneutrale Buchproduktion ein, die den Erwerb von Klimazertifikaten zur Kompensation des CO_2-Ausstoßes einschließt.

Weitere Informationen finden Sie unter: www.klimaneutralerverlag.de

2. Auflage: März 2020

Erschienen bei FISCHER Taschenbuch
Frankfurt am Main, April 2019

Lizenzausgabe mit freundlicher Genehmigung des
Servus Verlag bei Benevento Publishing
Die Originalausgabe erschien unter dem Titel
»Holzwunder. Die Rückkehr der Bäume in unser Leben«

Druck und Bindung: GGP Media GmbH, Pößneck
Printed in Germany
ISBN 978-3-596-29956-0

Gewidmet allen Kindern,
die noch auf die Welt kommen.

INHALTSVERZEICHNIS

Das Gesicht des Holzes 9
Vorwort 13

1 VORSPRUNG DURCH NATUR 16
Die Weisheit der Ameisen 17
Weltmeister der Vielseitigkeit 38
Vom Specht im Wald zum energieautarken Haus 75
Die Tischler blühen auf 112
Die Bäume nicht auf den Kopf stellen 126
Die Bäume kommen in die Stadt 137
Gutes Holz für alle 149

2 MONDHOLZ 158
Historisches 159
Mondholz und die Wissenschaft 173
Mondrhythmen und Sternbilder 198
Mondholz im Spitzensport 202

3 DIE PRAKTISCHE ANWENDUNG 208
Erwin Thomas Holz-Mond-Kalender für die Jahre 2019–2029 209

Nachwort: Der Mond indessen 235
Service und Quellen 238
Danksagung 239

DAS GESICHT DES HOLZES

Je mehr du dem Holz sein Gesicht lässt, dich über seine Unebenheit, über seine Landkarte aus Maserung und Ästen freust, desto mehr wird deinem Blick Halt, Orientierung und Geborgenheit gegeben.

Holz ohne Äste ist für mich immer weniger wert, immer ein Stück ärmer als diese Hölzer, die mich durch ihre Äste ansehen. Gerade die kleinen, harztränenden Öffnungen, die sogenannten Harzgallen sind es, die von der Einzigartigkeit des Materials Zeugnis ablegen. Es sind die Unregelmäßigkeiten, die Risse und Fugen, die aus Hölzern Welten machen. Sie bilden Lebensräume mit Orten des Schutzes und kühnen Aussichtsplätzen.

Je mehr wir den Mut haben, hier auch noch die Arbeit des Zimmermanns zu zeigen, die Holzverbindungen, die Dübel, die alles zusammenhalten, die Spuren einer Säge, des gestaltenden Werkzeuges, desto näher sind wir an den Formen, Farben und Strukturen, die das Geheimnis des Lebens berühren.

Dem Holz sein Gesicht zu lassen, erfordert Mut: Mut zur unbehandelten Oberfläche. Mut zu den Spuren des Alterns, die sich einstellen werden. Mut zu dieser Melodie, die unser vordergründiges Ego erschüttert.

Das Ego, das sich in uns als Ich ausgibt, in Wahrheit aber einzig an fremden Bildern und Vorstellungen hängt: Erst dahinter sind wir selbst. Erst dahinter sind wir ewig. Erst dahinter hören und fühlen wir, was wirklich ist. An diese tiefe Heimat in uns selbst erinnert das gewachsene Material der Wälder.

Das Gesicht des Holzes wird durch das Leben in den Bäumen gemalt. Es ist frei von jeder Manipulation, vom Drängen und Wollen. Es ist ein Bericht ihres Lebens. Ein Bild von Glück und Gedeihen, aber auch von Kampf, Leid und Krankheit. Es ist das Bild vom Geheimnis, all das zu überstehen, daran zu wachsen und seine eigene Gestalt daraus zu formen. Auf diese Weise stimmt es die einzigartige Melodie an, die uns zu uns selbst führt. Ein größeres Geschenk kann ein Material uns Menschen gar nicht machen. Es schwingt so tief in uns hinein, das Holz der Bäume.

Holz streichen, verkleiden, astfrei sortieren, natürliche Risse und Schwindfugen verstecken, dübelfreie Oberflächen erzeugen, all das entspringt der Angst, den Bildern aus der Werbung nicht gerecht zu werden. Scheinbar perfekt lackierte Oberflächen, weißer als weiß, eintönig statt vielfältig, diese Wege haben mit dem Geheimnis des Lebens wenig zu tun.

In Wahrheit sind solche Verarbeitungen von Holz Schritte, die uns ein Stück vom Zauber des Baumes nehmen. Die Lebenskraft des Holzes, die uns geschenkt wird, schwindet in dem Maß, in dem wir es eintöniger und lebloser gestalten.

Mut zum Gesicht des Holzes ist immer Mut zum Leben. Mut zum Leben trägt uns, gibt uns Vertrauen und Freiheit.

Ja, es sind Landkarten des Lebens, die durch die Schichtenlinien der Jahresringe auf den Hölzern dieser Welt abgebildet sind. Es sind Bilder, die so stark an unserer Seele rühren können, weil sie so viel mit dem zu tun haben, was wir von Kind an nicht nur an Bäumen beobachten konnten. Körperliche Vergänglichkeit, das Altern, das hat uns schon von klein auf fasziniert: die herausquellenden Adern auf der Hand des Großvaters, die Bilder der furchig-ledrigen Haut, Farbspiele und Muster, die mit den Farben bewitterter Hölzer ineinanderfließen können.

Ja, es ist ein besonderes Bild vom rohen, wahrhaftigen Holz. Es lässt uns spüren, wie gut es ist, einfach zu sein, was wir sind. Es lässt die Hast unserer Gedanken still werden. Aus sinnlosem Immer-mehr-, Immer-etwas-anderes-Wollen wird ein freudiges Sich-selbst-Spüren. Es hilft uns, die Qual aller Zwänge und Vorstellungen abzuschütteln. Es befreit uns! So wichtig ist es, so nährend für uns Menschen, von solchen Bildern umgeben zu sein.

Das natürliche Gesicht des Holzes singt das Lied vom Urvertrauen ins Leben, vom Kommen, vom Gehen und von der Wiederkehr.

Was für ein Glück, von Bäumen, ihren Hölzern und ihrem Gesicht begleitet zu werden.

VORWORT

Wer käme auf die Idee, für nahezu unlösbar erscheinende Aufgaben die Antworten ausgerechnet dort zu suchen, wo niemand hingeht? Wir kennen das aus den Märchen. Der spätere Held wirkt anfangs naiv und wird als dumm verspottet, weil er den Vögeln lauscht, sich Zeit für Schwache nimmt und Freundschaften mit unbedeutenden Menschen, Tieren oder gar Pflanzen sucht. Am Ende sind es freilich ganz unerwartet diese Helfer und Quellen, die gemeinsam große Lösungen ermöglichen. Diejenigen aber, die es mit Kraft, Gewalt und Macht versuchen, werden bitter enttäuscht und können trotz allem Aufwand nichts erreichen.

Auf genau so eine Märchenreise möchte ich Sie, liebe Leserinnen und Leser, jetzt mitnehmen. Tatsächlich lohnt es sich immer, einmal aus der Tretmühle unseres Alltages zu steigen und ganz andere Gedanken zuzulassen. Diese Reise führt uns in den Wald, der ja selbst traditioneller Schauplatz vieler Märchen ist.

Tatsächlich können wir von den Bäumen im Wald, von ihren Bewohnern, von den Insekten, den Ameisen, in so einer Stunde der Betrachtung mehr lernen als in mancher Vorlesung an der Universität. Das soll kein abwertender Angriff auf unsere Hochschulen sein. Die natur- und geisteswissenschaftliche Arbeit dort ist sehr wertvoll. Aber sie allein ist zu wenig. Es braucht immer wieder im Leben die ruhigen Stunden in der Natur, das Innehalten und stille Schauen.

Wissen und Lernen werden immer dann besonders wertvoll, wenn sie an den Geheimnissen des Lebens rühren. Genau diese Erfahrung gelingt draußen im Wald unter freiem Himmel besonders gut.

Wir brauchen die Erdung dort draußen. Die Methode, altes Wissen in immer weiter spezialisierte Sparten aufzuteilen, führt bekannterweise dazu, dass am Ende ein Experte auf seinem Gebiet den Überblick über ganzheitliche Zusammenhänge verliert.

Lernen in der Natur, in der Stille jene Kräfte zu erahnen, die hinter allem stehen, das beschützt uns und hilft im Leben weiter.

Viktor Kaplan, der große Erfinder der Wasserkraftwerksturbinen, beschrieb so treffend die Inspirationsquelle der Natur:

Sinnend oft saß ich an Baches Rand
Und horchte der murmelnden Laute.
Und als ich die Sprache des Bächleins verstand –
Die Weisheit der Schöpfung mit Ehrfurcht empfand –
Da ging ich – und schrieb, was ich schaute.

Kaplan hat vom Bächlein gelernt und der Menschheit mit seiner Erfindung der Kaplan-Turbine die effiziente Nutzung der Wasserkraft geschenkt. Wir alle können diesen Weg gehen und jeder kann für sich im Wald Schätze für sein Leben heben.

Freilich hilft es mir wenig, wenn jemand sagt: „Geh in die Natur und hebe dort endlich deinen Schatz!“ Für eine Schatzsuche will man vorbereitet sein. Es bedarf der Ausrüstung, des Werkzeuges und am besten einer ganz genauen Karte, wo denn der Schatz zu finden sei.

Dieses Buch will Ihr Begleiter bei der Schatzsuche im Wald und bei unseren Bäumen sein. Dabei wollen wir aber nicht bei märchenhaften Vergleichen bleiben. Vielmehr benötigen Sie wissenschaftlich abgesicherte Zahlen, Fakten und technische Tabellen. Vor allem aber sind am Beginn einer Expedition zu unbekannten Schätzen Erfahrungsberichte von Menschen, die jenen Weg bereits gegangen sind, äußerst wertvoll. Diesen Berichten ist daher noch mehr Platz gegeben als allen technischen Zahlenwerten.

Damit Sie gleich sehen, welch unglaubliche Vorteile der Weg mit der Natur bietet, beginne ich mit wohl einer der verrücktesten Geschichten. Eine der größten Entwicklungen, von der nicht nur unser Unternehmen, sondern genauso alle Bauherren am stärksten profitieren, sind energieautarke Häuser, die ohne Dämmstoff und ohne komplizierte Haustechnik funktionieren. Würden wir das nicht laufend bauen und umsetzen, könnte man meinen, so etwas bliebe ein nicht möglicher Traum. Häuser mit Energieverbrauchswerten wie ein Passivhaus ohne Wärmedämmung: Wie soll denn das gehen?

Wirklich verrückt wird es aber erst, wenn ich verrate, wer mir und unseren Technikern diese Entwicklung ermöglicht hat. Bitte lachen Sie nicht – es waren die Ameisen. Genau gesagt, die Roten Waldameisen und natürlich die Bäume, die den emsigen Insekten das nötige Material liefern. Um es noch genauer zu sagen: Es war die Geburtenstation der Ameisen, wir Menschen würden sagen, die Entbindungsstation im Ameisenhaufen. Aber lesen Sie selbst, wie es dazu gekommen ist. Und danach, was wir Menschen unendlich Wichtiges von den in unseren Augen so nebensächlichen Insekten im Wald alles lernen können.

1 VORSPRUNG DURCH NATUR

DIE WEISHEIT DER AMEISEN

Verrückte Geschichten beginnen meistens mit verrückten Fragen oder Aufgaben.

Der Mann, der mir eine solche Aufgabe stellen sollte, hat mit mir einen Termin in unserem Sägewerk vereinbart. Nun sitzt er da. Freundlich stellt er sich vor. Als Direktor des österreichischen Filmarchivs ist Ernst Kieninger für die Aufbewahrung und Konservierung aller historisch wertvollen Nitrofilmrollen der Alpenrepublik verantwortlich. Und er sucht eine neue Bleibe für seine kostbaren Schätze. Das alles erfahre ich, während die Maschinen des Sägewerkes bis in das Büro, bis zum Tisch, an dem wir sitzen, vibrieren und rattern.

Wie der Name schon sagt, sind Nitrofilme eine heikle Angelegenheit. Abgesehen von den Platzproblemen im bisherigen betonierten Archiv in Wien haben die aggressiven Ausgasungen der Filme auch noch den Bewährungsstahl im Beton des Gebäudes angegriffen. Nach langem, persönlichem Einsatz hat der Direktor jetzt endlich die Geldmittel für den Neubau eines Archivs per Parlamentsbeschluss zugesagt bekommen.

Erstaunt stelle ich die Frage, warum er nun ausgerechnet zu uns ins Sägewerk, sozusagen mitten ins Holz kommt. Herr Kieninger lächelt und beginnt von seinen Filmen zu erzählen. Seine Augen und der Ton seiner Stimme verraten dabei eine Begeisterung, die an einen Vater erinnert, der von seinen Kindern spricht.

„Wissen Sie, diese alten Filmrollen sind nicht nur sehr kostbar, sie sind auch mindestens so empfindlich. Sobald es warm wird, wärmer als 3° C, beginnen sich Inhaltsstoffe abzubauen und ein unumkehrbarer Alterungsprozess setzt ein. Wir müssen daher die

Filme ständig bei konstant 1,5–2,0° C lagern. Es darf da keine Schwankungen der Temperatur geben. Auch wenn es kälter wird, würde das unseren Filmrollen schaden.

Auf Sie bin ich gewissermaßen durch den ältesten Film der Welt gekommen. Das ist eine japanische Rolle, die nur deshalb überlebt hat, weil sie immer in einer Holzkiste gelagert war. Fachleuten ist das bekannt und wir haben oft besprochen, dass da sicher nicht nur die temperaturpuffernde Wirkung des Holzes, sondern auch das ganze Klima, das eine Holzumgebung herstellt, dazu beigetragen hat, diesen wertvollen Film aus dem Jahr 1920 zu erhalten.

Als wir nach den Erfahrungen mit Beton ein säurebeständiges Baumaterial gesucht haben, erinnerten wir uns an diese Geschichte. Allerdings mussten wir feststellen, dass die meisten Holzhäuser, die heute angeboten werden, in Wahrheit eine Mischung aus Holz und Chemikalien, vor allem Klebstoffen, sind. So haben wir Sie entdeckt. Bei Ihnen gibt es durch die Verdübelung ja keine Chemie, die mit den Filmen reagieren könnte!“

Nach all diesen Erklärungen stellt er mir für den bevorstehenden Bau drei Aufgaben:

1.) Das Filmarchiv muss hundertprozentig säurebeständig sein.
2.) Es muss drinnen immer 1,5–2,0° C Lufttemperatur und eine konstante Luftfeuchte von 40–45 % haben.
3.) Funktioniert das ohne Energiezufuhr von außen?

Die ersten beiden Fragen kann ich rasch positiv beantworten. Holz ist säurebeständig. Da wir Wände, Dach, Decken, also alles aus Holz herstellen, besteht hier keine Gefahr. Die zweite Aufgabe muss durch eine übliche Klimaanlage gelöst werden.

Bezüglich des dritten Wunsches hake ich nach: „Wie meinen Sie das? Der Bau soll am Stadtrand von Wien entstehen. Dort ist es im Sommer sehr heiß. Immerhin gedeiht rundherum herrlicher Wein. Auf dem Flachdach der geplanten Holzbox kann es da sicher 70, 80° C und noch heißer werden. Ohne Klimatechnik, Kühlmaschine und Feuchteregelung geht es da ganz sicher nicht, im Inneren Tag und Nacht, jahraus, jahrein 2,0° C sowie die konstante Feuchte zu halten."

„Ja, ja, das weiß ich natürlich", antwortet der Direktor, „aber es wäre ein Traum, eine Vision, wenn die Erhaltung meiner Filme keinen Strom aus dem Netz, kein Erdöl, Gas oder sonstige ökologisch belastende Energien verbraucht."

Damit liegt meine Märchenfrage klar formuliert auf dem Tisch. Herr Kieninger will einen überdimensionalen Kühlschrank, in dem es ständig kühl bleibt, auch wenn das Kabel aus der Steckdose gezogen wird. Ein Perpetuum mobile?

Unmöglich, oder? Wer kühlt, benötigt Energie, genauso wie man ohne Energiezufuhr nicht heizen kann. Ich will dieses Wort schon aussprechen. „Unmöglich", liegt es auf meinen Lippen.

Da meint Dr. Kieninger: „Es wird wohl nicht gehen. Aber ich hatte einen Traum, dass es wunderschön wäre. Und irgendwie wollte ich nicht heimfahren, ohne es zumindest angesprochen zu haben!" Das klingt resignierend, ein wenig traurig.

Da schießt mir eine sonderbare Idee durch den Kopf. „Herr Direktor, normalerweise ist so etwas wirklich unmöglich. Aber Sie wissen ja vielleicht, dass ich in meinem ersten Beruf Förster war. In meinem Revier habe ich damals immer fasziniert eine Konstruktion bewundert, die im Grunde das kann, was Sie suchen. Haben Sie Zeit? Darf ich Ihnen dazu eine längere Geschichte erzählen?"

Aufgeregt rückt Herr Kieninger seinen Stuhl ganz nahe an den Tisch heran und beugt seinen Oberkörper vor. „Glauben Sie wirklich, dass so etwas gelingen könnte?"

Damit beginne ich meine Ausführungen: „Sie kennen doch die Bauten der Roten Waldameise. Was uns Menschen als achtloser Nadelhaufen erscheint, ist in Wahrheit ausgereifte Klimatechnik und Bautechnologie vom Allerfeinsten. Nichts bleibt dort dem Zufall überlassen. Jede noch so kleine Nadel, jede Zapfenschuppe und jedes Holzstäbchen hat seine Funktion. Obwohl diese Ameisenbauten scheinbar primitiv zusammengetragen wirken, werden im Inneren höchste Ansprüche an die Temperaturregelung und an die Luftfeuchte erfüllt.

Die Klimatechnik dort lässt jeden Bauphysiker erstaunen. Bekannterweise gibt es im Ameisenhaufen weder Stromzuleitungen noch Heizungsanlagen. Trotzdem ist die Temperatur da, wo es warm sein soll, in den Brut- und Aufzuchtkammern, um bis zu 15° C höher als die Außentemperatur. Die Tiere verfügen über unsichtbare Solaranlagen. Sobald es wieder an der Zeit ist, Wärme in das Innere des ‚Hauses' zu transportieren, beginnen sich viele Ameisen auf dem Dach des Hügels zu sonnen. Hat der kleine, dunkle Körper eine Temperatur von bis zu 37° C erreicht, läuft die Ameise ins Haus, um dort die gespeicherte Wärme abzugeben und auszukühlen. Der Körper der Ameisen wird zur mobilen Solarzelle und zum Transportspeicher. Das wiederholt sich so lange, bis die Wärmespeicher der Bausubstanz wieder aufgeladen sind.

Der Transport der Sonnenenergie ist aber nur ein kleiner Teil eines ausgeklügelten Klima- und Lüftungssystems in den Ameisenbauten. Das hoch entwickelte Klimasystem muss hohe Anforderungen erfüllen. Es muss ein Nestklima gewährleistet sein, das die Brut in sehr kurzer Zeit aufwachsen lässt. Dafür braucht es Wärme, hohe Luftfeuchte und frische, sauerstoffreiche Luft.

Wäre es im Ameisenhaus so trocken wie in unseren beheizten Wohnungen im Winter, würde die Aufzucht vertrocknen und der Staat zugrunde gehen. Jeder Bau besteht daher nicht nur aus dem für uns sichtbaren Nadelbau über der Erde, sondern auch aus einem noch größeren Keller von unterirdischen Gängen und Kammern. Von dort wird über ausgefeilte Ventilation die nötige Luftfeuchte bezogen, mit der auch lange Trockenperioden überdauert werden. Die benötigte Luftfeuchte wird vom Keller bis in die Kuppel transportiert. Form und Architektur der Ameisenbauten sind genau an den Standort und das Außenklima angepasst. Im Sommer ist immer ausreichende Feuchte und im Winter Frostschutz gefragt. An sonnigen, warmen Standorten fallen die Nester daher meist niedriger und flacher aus, während sie in kühleren Regionen hoch, bis zwei Meter aufragend mit schön besonnter ‚Südfassade' anzutreffen sind.

Den Wunsch, optische oder ästhetische Effekte zu erzielen, kennen die Tiere nicht. Gebaut wird ganz konsequent zur bestmöglichen, energieautarken, klimatechnischen Optimierung. Dementsprechend unauffällig, aber beim genauen Hinsehen trotzdem wunderschön, wirken diese Häuser. Das erwähnte Lüftungssystem ist nicht nur wegen der ausgeklügelten Feuchteregulierung genial. Ameisen stellen sehr hohe Ansprüche an frische, sauerstoffreiche Luft in ihrem Haus. Das ist gar nicht so einfach zu erfüllen. Immerhin leben mehrere 10.000, manchmal weit über 100.000 Tiere in einem einzigen Bau. Wie wir Menschen auch, verbrauchen sie Sauerstoff und atmen mit Kohlendioxid (CO_2) angereicherte Luft aus. Je mehr sie sich bewegen, desto stärker werden Stoffwechsel und Atmung angeregt. Zusätzlich besteht das ganze Gebäude aus organischem Blatt- und Nadelmaterial. Bei der hohen Luftfeuchte im Inneren und der regelmäßigen Beregnung der Außenfläche ergibt das eine gute Lebensgrundlage für Mikroorganismen, Bakterien und Pilze. Auch diese scheiden laufend CO_2 aus. Eigentlich sind das Verhältnisse, die an einen überfüllten Saal voller Menschen erinnern. Da wird die Luft schnell stickig und verbraucht. Trotzdem ist das Verhältnis von Sauerstoff und Kohlendioxid erstaunlich gut. Wissenschaftler fanden heraus, dass der CO_2-Gehalt im Bau der Waldameise stets im Optimalbereich für die Tiere bleibt.

Es ist eine wahre Meisterleistung, die Luft so frisch und sauber zu halten und gleichzeitig den Bau nicht auszufrieren. Die Ameisen schaffen das Kunststück mit einer Kombination aus atmungsoffener Außenhülle und Speicherung der Wärme in der Bausubstanz. Organisches Nadelmaterial und kleine Holzstücke sind temperaturträge. Die Baustoffe selbst sind hier aktiv wirksamer Teil des Klimasystems. Der Massivholzhauseffekt wird im Ameisenreich schon seit Urzeiten genutzt. Intelligenter Materialeinsatz ist in der Natur eine Selbstverständlichkeit.

Wie wertvoll ist dieses Wissen für uns Menschen?

Blicken wir beim Vorbeigehen im Wald auf das unüberschaubare, quirlige Getriebe, die Masse der unzähligen Ameisenkörper an so einem Haufen, meint man zuerst ein zufälliges, willfähriges Chaos zu sehen. In Wahrheit verläuft das Leben im Staat der Ameisen unglaublich methodisch überlegt, durchorganisiert, aber auch sozial und in einzigartiger Aufopferung für die gemeinsame Sache. Um die Kunstfertigkeit, Genialität und den Geist eines solchen Bauwerkes möglichst weit zu erfassen, muss man sich auch das Leben, die soziale Organisation und Einstellung der Erbauer vor Augen führen. Das verborgene Leben dieser Insekten ist so unglaublich hoch entwickelt, dass der nachfolgende Bericht auch von Menschen auf einem fernen Kontinent stammen könnte.

Von den vielen, an die 10.000 Ameisenarten ist nur mehr eine kleine Minderheit als raubende, fleisch- und insektenfressende Gemeinschaft unterwegs. Die allermeisten Stämme haben sich wunderliche Fähigkeiten angeeignet, die ihnen das Leben einfacher, angenehmer und sicherer machen. Sie treten beispielsweise als Viehzüchter auf, die sorgfältig ihre Blatt- und Schildlausherden auf die Weide treiben. Gleich dem guten Schafhirten, der Wolf und Bär von seinen Tieren fernhält, bewachen die Ameisen ihre Läuse. Sie postieren Krieger, bauen Zäune und Unterstände und bewegen ihre Nutztiere von der Weide in den Stall und umgekehrt. Gleich unseren Bauern unternehmen sie Verschiedenes, damit die Läuse gesund bleiben und noch mehr süßen Nektar ausscheiden: von ausgewählten Weidegründen, bewusstem Weidewechsel, wenn es mager wird, bis zur Parasitenbekämpfung. Neben der Viehzucht finden wir aber auch alle Formen des raffiniertesten Ackerbaus und der Pilzzucht. Manche Stämme legen Mistbeete an. Sie zerkleinern und zerkauen Blätter und Stängel zu Spezialhumus, in den dann die Samen ihrer Lieblingspflanzen gelegt werden. Sie jäten Unkraut, betreuen das Wachstum, ernten und säen wieder aus. Bewusst erkennen und unterscheiden sie ihre gewünschten Nutzpflanzen von unerwünschtem Unkraut. Sie wählen die richtigen Samen, sammeln diese und säen zum günstigen Zeitpunkt. Noch mehr Wissen und Kunstfertigkeit ist bei der Anlage von Pilzkulturen erforderlich. Neben dem genau passenden Substrat müssen in den unterirdischen Pilzkulturen auch die Temperatur, die Feuchtigkeit und der Luftstrom genau stimmen. Pilzzüchtende Ameisen regeln all das mit größter Präzision.

Ameisen gehören übrigens zu den wenigen intelligenten Lebewesen auf Erden, die bewusst und geschickt nicht nur mit den eigenen Gliedmaßen arbeiten, sondern auch Geräte und Werkzeuge einsetzen. Die tropischen Webameisen beispielsweise verwenden Larven, die im Begriff sind, ihren Kokon zu spinnen und gerade den seidendünnen Spinnfaden ausscheiden. Diese Larven werden als lebendes Webschiffchen rund um Blätter, Stängel und Äste hin und her gereicht, bis ein großes, kunstvolles Ameisennest in luftiger Höhe gesponnen worden ist. Kurios mutet eine andere Arbeitsspezialität der sogenannten Behälterameisen an. Würden wir klein genug sein, um in die Vorratskammern dieser Art zu spazieren, wir könnten dieses Schauspiel wohl kaum glauben. Nachdem den Tieren keine Eimer, Flaschen oder Schläuche zur Aufbewahrung von Honig und Nektar zur Verfügung stehen, stopfen sie in sich selbst das bis zu Achtfache ihres eigenen Körpergewichts hinein. Solcherart zur lebenden Honigflasche aufgebläht, hängen sie sich an die Decke der Vorratskammer und bewahren so das Lebenselixier für den ganzen Stamm. Das Leben dieser Behälter endet mit dem Tag, an dem der Inhalt für die Allgemeinheit benötigt wird.

Das ist nur eines der unzähligen Beispiele, in dem die oft unterschätzten Tierchen ihr Leben mit der größten Selbstverständlichkeit für die Allgemeinheit hingeben. Ihre Tätigkeiten als Jäger und Sammler, als Ackerbauern, Pilzzüchter und Viehzüchter sowie als hoch spezialisierte Handwerker, Architekten und Klimatechniker reichen für sich schon aus, um jedes Vorurteil von primitiven Insekten zu entkräften. Wenn wir aber gar das soziale Leben und die persönlichen Freuden der Ameisen mit uns Menschen vergleichen, dann wird wohl in jedem Betrachter der Wunsch entstehen, dass wir Menschen doch endlich von diesen Tieren zu lernen beginnen mögen.

Neben dem relativ kleinen Magen besitzt die Ameise ihren mächtigen Sammelkropf, den sie stets mit Honig, Nektar und allem Schmackhaften, das ihre Ausflüge bieten, füllen will. Ihre größte Erfüllung und Befriedigung findet sie nun darin, Artgenossen, die sich durch den heimischen Stallgeruch ausweisen, mit herausgewürgten Süßigkeiten zu verwöhnen. Beinahe alle wichtigen Begegnungen und Rituale beginnen mit dieser gegenseitigen Fürsorge. So gesehen ist die Ameise unglaublich freigebig, großzügig und fürsorglich. Niemals käme es ihr in den Sinn, die zusammengehamsterte Ernte für sich allein zu behalten. Die Lebensmittelzubereitung erinnert sehr an hoch entwickelte Küchen und Backstuben. Geerntete Pflanzen, Pilze, Säfte, aber auch Insekten werden im Bau in eigenen Küchen zerlegt, breiig gemacht, geknetet, gewalkt, bevorratet und gemeinsam verzehrt.

Neben gemeinsamen Labungen und dem ständigen gegenseitigen Füttern ist die Körperpflege ein wichtiges Ritual, dessen Gründlichkeit und Reinlichkeit wir Menschen wohl kaum erreichen können. Die Ameise putzt, kämmt, glättet und reibt sich am liebsten in Gemeinschaft und tut das bis zu 20-mal am Tag. Was für ein lustvoller, sozial erfüllender Brauch! Anstatt verborgene marmorne Badezimmer zu errichten, in denen einsam die Körperpflege betrieben wird, gehört hier das gegenseitige, zärtliche Reinigen, die ständige Körperberührung zum Ritual der großen Gemeinschaft. Entgegen dem allgemein verbreiteten Bild von ewig hektisch krabbelnden Ameisen berichten Forscher auch aus dieser verborgenen Welt vom Wirken des allgegenwärtigen Rhythmus aller Lebensvorgänge. Ameisen werden auch müde und halten Ruhepausen ein. Spannung und Entspannung, fleißig arbeiten und ruhen, das gibt es hier mehr, als wir uns vorstellen können. Hat eine Arbeiterin mehrmals ihre Lasten getragen und kommt ermattet zum Bau zurück, wird sie vom Torwächter begrüßt, als Zugehörige des Stammes erkannt und versorgt. Er reinigt sie vom Staub ihres Weges, ihre Last wird abgenommen, oft laben sich die beiden gegenseitig, bis der Torwächter die müde Arbeiterin in einen der Ruheräume im Inneren des Baues führt. Dort erholt sie sich geraume Zeit im Kreise anderer Arbeiterinnen, um dann ihr Werk erfrischt wieder aufzunehmen.

Das Wohl der Gemeinschaft wird immer und überall an die vorderste Stelle der Arbeit gesetzt. Das beginnt schon bei der Brutpflege. Auch hier kann die Ameise nur als aufopfernd und fürsorglich im höchsten Maß beschrieben werden. Eine Ameise, die bei Gefahr ein Ei oder eine Puppe ihrer Brut retten will, setzt diesen Einsatz auch dann noch fort, wenn ihr bereits der Hinterleib abgerissen wurde. Höchstes Heldentum würden wir das nennen, was hier selbstverständlich ist. Die Eier werden ununterbrochen geleckt und durch den Speichel genährt. Sie werden gewendet und oft umgeschichtet, je nach Entwicklungsstand von Kammer zu Kammer in die jeweils beste Temperaturzone des Hauses getragen.

Neben diesen Hauptarbeiten zur Nachzucht, Ernährung und zum Nestbau, besser als Hausbau bezeichnet, finden außerdem Spiele, Balgereien und Scheinkämpfe statt, bei denen niemals Gift versprüht wird. Es gibt aber auch ernste Auseinandersetzungen, Eroberungs- und Abwehrfeldzüge mit Soldaten, Offizieren und strategischem Vorgehen, geplanter und genau durchdachter Kampfordnung. Allerdings zeichnen sich Ameisen mit Ausnahme einiger ganz weniger Arten dadurch aus, dass sie unnötige Gewalt vermeiden, wo es nur geht. Besiegte werden überwiegend in den eigenen Stamm übernommen. Selten werden diese wie Sklaven behandelt. Meist ist das Wort adoptieren viel passender für die Integration unterlegener Artgenossen oder ganzer Stämme. Auch hier probiert die Natur offenbar immer wieder, welches Konzept sich am besten bewährt.

Auffallend ist, dass diejenigen Völker, welche mit Unterlegenen sehr mild umgehen, in ihrer weltweiten Verbreitung am erfolgreichsten sind. Bei allen kriegerischen Auseinandersetzungen fällt noch etwas auf: Je größer, mächtiger und reicher ein einzelner Stamm ist, desto aggressiver wird er. Wenn der Eindruck stimmt, dass hohe Aggression aber langfristig wieder zum Zurückgehen der Art führt, dann hat Mutter Natur auch hier offenbar ein Regulativ eingebaut. Wo übertriebene Angst und Kriegsvorbereitung hinführen, sehen wir ja ohnedies an den Waffenarsenalen, die sich die großen Einzelstämme der Menschheit zugelegt haben.

Die Größe der einzelnen Ameisenstämme reicht weltweit gesehen von kleinsten Gründernestern mit einigen Mitgliedern bis zu den Superstaaten wie jenem Nest in Nordamerika, dessen Ausmaß 20 Hektar betrug und 1.600 einzelne Hügel, die zu einem Gesamtstaat organisiert waren, umfasste. Ungeklärt bleibt bis heute die Frage, welche geheime Macht Millionen einzelner Tiere so zu koordinieren vermag, dass sie strategisch überlegt zusammenwirken und derartige Superbauten, Städte hervorbringen.

Unser Staunen ist endlos, wenn wir uns nur vorstellen, dass hier Zehn- und Hunderttausende so zusammenarbeiten, als wären sie ein einziger, wohlgesteuerter Körper. Wie kommt ein einziges Insekt, eine winzige Ameise darauf, sich selbst zu opfern, sich als Behälter für Notzeiten vollzufressen und an die Decke des Vorratsraumes zu hängen? Wie schafft sie das genau zu dem Zeitpunkt, wo es für das Fortkommen aller das Beste ist? Nichts scheint hier ungeordnet zu passieren. Trotzdem können wir Menschen keinen Steuermann für das ganze Wunder sehen oder festmachen. Zumindest aber hilft uns dieses Wissen, die unglaubliche Intelligenz, die auch in den Baukonstruktionen der Tiere steckt, richtig einzuschätzen.

Die skizzenhaften Betrachtungen des hoch entwickelten Lebens der Ameisen lassen uns erahnen, dass die Ameisenarchitektur ebenso exakt und ausgeklügelt funktioniert. Im endlosen Gewirr aus Kreuz- und Quergängen oder unterirdischen Teilen, den Lüftungsschächten und Versorgungswegen, bleibt nichts dem Zufall überlassen. Magazine und Vorratskammern wechseln sich ab mit Gemeinschaftssälen, Arbeitsräumen, den Küchen und Backstuben, Gärkammern, Pilzkellern und Spezialkulturen. Es gibt Ställe für das Vieh, Pforten, Kontrollpunkte und mancherorts wird sogar der Körper selbst als Bauteil aufgeopfert und umgeformt. Von den Behälterameisen haben wir bereits gehört. Der Kopf der Pförtnerameise kann sich so vergrößern, dass er als knopfartige Tür den ganzen Eingang mit dem undurchdringbaren Schild verschließen kann. Diese Ameisengattung ergänzt diese fremdartig anmutende Welt, in der offenbar jeder Einzelne glücklich wird, sobald er sich für alle einsetzen, ja hingeben kann.

Wen wundert es jetzt noch, dass hier nicht nur geniale Architektur und feinste Klimatisierungen auftreten, die dem jeweiligen Zweck angepasst sind? Nein, es gibt tatsächlich auch noch ausgetüftelte Hygiene- und Sanitäranlagen. Wer schon einmal als Gast eine Käserei besucht hat, weiß: Hier wird man als Beobachter mit hygienischen Haarkappen, Überschuhen und Ähnlichem versehen, um keine unerwünschten Pilzkulturen in die sensibel gesteuerten Gärvorgänge einzuschleusen. Wir Menschen veranstalten sogar Käseweltmeisterschaften, in denen all diese Bemühungen bewertet werden. Eine Reihe von Käsern, Winzern oder Bierbrauern experimentiert bei der Arbeit mit den feinen Gärvorgängen auch mit dem Einfluss der Mondphasen und allen Naturrhythmen.

Den Ameisen ist dieses Wissen nicht fremd, mit vielleicht einer einzigen Besonderheit: Die peinliche Sauberkeit, die wir beispielsweise in den Gärkellern von Käsereien walten lassen, gilt überall im Ameisenstaat. Dazu werden eigene Lagerräume oder auch Zwischenlager eingerichtet, in denen Reste der ausgeschlüpften Larven und andere im Staat nicht verwertbare Materialien gesammelt werden. In Versuchen konnte gezeigt werden, dass diese reinlichen Tiere im geschlossenen Glaskasten sofort an dem vom Nest weitest entfernten Punkt eine Stelle zur Ausscheidung ihrer Fäkalien schaffen. Eine Gemeinschaftstoilette also, in der Mikroorganismen an der Umwandlung der Ausscheidungen arbeiten können. Auch die biologische Kläranlage und Humusklos kannten diese tierischen Ingenieure also bereits lange vor uns Menschen.

Ist es übertrieben, angesichts solcher bauphysikalischer, klimatechnischer und architektonischer Leistungen von Intelligenz und genialem Know-how im Ameisenstaat zu sprechen? Das ist aber immer noch nicht alles. Eine Ameisenkönigin wird bis zu 20 Jahre alt. Ihre Untertanen leben deutlich kürzer. Im Zyklus der wechselnden Generationen kommt es natürlich vor, dass Ameisenbauten aufgegeben werden und die Bausubstanz nicht mehr benötigt wird. Dann wirkt sich ein weiterer Aspekt der wunderbaren Ameisenstrategie aus. Alle Bauteile stammen ausnahmslos aus der umgebenden Natur. Es gibt keine Ausbeutung von einem Kontinent zum anderen. Unternehmer, die aus persönlichem Profitstreben belastende und kurzlebige Produkte erzeugen, sind in dieser Welt unbekannt, ja undenkbar. Da existieren keine synthetischen, kontaminierten, nachteilig ausgasenden oder schwer entsorgbaren Materialien. Auf diese Weise ist jede Form der Nachnutzung möglich. Das Material wird

Universität Wald: Die Heiz- und Kühltechnik des Ameisenhaufens beinhaltet höchste Ingenieurskunst. Ein Lernbeispiel für uns Menschen.

nicht nach einer Nutzung vernichtet, sondern in vielfältigen Kaskaden immer wieder neu verwendet. Der Ameisenbau wird zur neuen Wohnung oder zumindest zur kostbaren Rohstoffquelle für die neue Generation. Oft ziehen andere Insekten oder Kleinlebewesen in verlassene Ameisenbauten ein. Es können auch Bauteile von anderen Stämmen fortgetragen und wiederverwendet werden. Erst nach vielen wiederkehrenden Nutzungen warten Milliarden von Mikroorganismen darauf, erneut Humus zu erzeugen. Nadeln, Blätter und kleine Holzstücke, die über Generationen Heimstätte für unzählige Ameisen waren, werden wieder zur Grundlage allen Wachstums und Lebens. Der nächste Baum wirft sein Samenkorn hinein, der ewige Kreislauf setzt sich fort ...“

In der Sägehalle rattern die Gatter und Kreissägen. Auf dem Holzlagerplatz rundherum verströmen die Tannen-, Fichten- und Lärchenstämme ihren Harzgeruch, und mittendrin im einfachen Büro merke ich plötzlich, dass ich mit meiner Ameisenbegeisterung einen sehr weiten Bogen gespannt habe.

Aber für Ernst Kieninger ist das alles gar nicht langweilig. Bauen ohne Abfall und energieautark die Filme kühlen, wenn sich das machen lässt, wird er mithelfen, wo er nur kann. Diese Begeisterung des Bauherrn soll bei der Umsetzung unseres gemeinsamen Projektes eine riesige Hilfe sein auf dem Weg, von den Ameisen zu lernen.

Der Lösungsansatz der Ameisen ist uns klar: Durch eine total optimierte Baustoffwahl und Konstruktionsart wird im Bau der technische Heiz- und Kühlbedarf, also die Heiz- und Kühllastspitzen, auf ein Minimum reduziert. Wenn das gelingt, können „Winzigsysteme" für ein optimales Raumklima im Inneren ausreichen. Bei den Ameisen ist es der warme Hintern, mit dem die Tiere die Wärme ins Haus tragen. Diese Idee gilt es, für das zu errichtende Filmarchiv zu adaptieren. Beim geplanten Gebäude soll es gelingen, durch die dicke Vollholzhülle mit ihrer extremen thermischen Trägheit die Kühllast so weit zu reduzieren, dass nur mehr eine Kleinanlage nötig ist. Diese verbraucht dann so wenig Strom, dass zur Versorgung eine kleine Photovoltaikanlage auf dem Dach des Gebäudes genügt. Für die Pufferung gegen Temperaturschwankungen ist wieder die dicke und massige Holzhülle hochwirksam. Im Grunde wäre damit das Konzept der Ameisen gelungen.

DIE VISION WIRD WIRKLICHKEIT

Direktor Kieninger hatte seinen Traum zur richtigen Zeit geträumt und die richtige Frage gestellt. Nach meiner begeisterten Schilderung der Ameisenarchitektur, ihrer Einfachheit und der genialen Wirkung war ich selbst überrascht, dass sich auch der Architekt anstecken ließ und schlussendlich die Wissenschaftler von der Technischen Universität Graz für die thermodynamischen Forschungen und Simulationen gewonnen werden konnten. Ohne deren Mithilfe wäre es kaum möglich gewesen, den Traum des Archivdirektors zu verwirklichen.

Die Ameisen im Wald haben es uns vorgezeigt, eine Gruppe enthusiastischer Menschen ließ sich von ihnen inspirieren. Der

Der Prototyp: Filmarchiv Austria bei Wien. Nach dem Vorbild der Ameisen ersetzt die massive Holzhülle komplizierte Technik und Dämmstoffe.

Bau in Laxenburg bei Wien entstand schließlich genau nach diesem Modell. Im Jahr 2007 war die Eröffnungsfeier mit der zuständigen Bundesministerin.

Aus der Beobachtung im Wald sollte damit die wichtige Entwicklung hin zum Holzhaus angestoßen werden, das sich ohne Dämmstoff und Technik selbst heizen und kühlen kann.

Der Archivbau wurde zu unserem wichtigsten Prototyp für eine ganz neue Generation von energieautarken Häusern. Erstmals war es damit gelungen und wurde durch die Ist-Zahlen der Praxis gezeigt, dass eine intelligente Bauhülle aus reinem Holz weitgehend die Aufgabe der Heizung und Kühlung übernehmen kann. Das neue Filmarchiv Austria ist nun schon einige Jahre in Betrieb und heizt beziehungsweise kühlt sich selbst rund um die Uhr jahraus, jahrein konstant auf die geforderten 1,5–2,0° C, unabhängig vom Stromnetz oder von sonstiger äußerer Energiezufuhr.

Eineinhalb Jahre nach Inbetriebnahme des Gebäudes bekam ich von Ernst Kieninger einen Erfahrungsbericht, der für alle Bauherren und Holzliebhaber aufschlussreich ist:

Das Filmarchiv bietet eine Nutzfläche von 250 m², auf der 60.000 Filmrollen lagern. Ganzjährig wird die Temperatur bei 1,7–1,8° C gehalten und die Luftfeuchte bei 40–45 %. Die Kältemaschine benötigt für diese Kühlung 2,5 KW Anschlusswert und bezieht den gesamten Strom von der Photovoltaikanlage auf dem Dach. Dieses Konzept funktionierte perfekt, bis im Sommer 2011 der schlimmstmögliche Fall eintrat. Bei Hochsommerhitze mit über 30° C ging die Kältemaschine kaputt. Die Besorgung der Ersatzteile und Reparatur dauerten drei Wochen (!). Kurze Zeiträume können die Filme überstehen, wenn es um einige Grade wärmer wird. Aber ab 10–12° C wird es sehr kritisch.

Es gab und gibt daher einen Notfallplan, der vorsieht, dass sofort mit externen Kühlgeräten gekühlt werden muss, falls die Temperatur innen über 10° C steigt. Bei mehr als 30° C Außentemperatur, also richtiger Hochsommerhitze, steigt in herkömmlich gebauten Häusern die Temperatur sehr rasch. Tatsächlich aber passierte im Filmarchiv mit ausgefallener Kältemaschine nichts.

Die Temperatur blieb all die Zeit deutlich unter 10° C. Die massiven Holzwände und Decken, die eine Holzhülle bilden, ersparten teure Ersatzkühlungen. Der zu erwartende Effekt, dass die Hitze in das Gebäude eindringt, wird vom Holz abgepuffert und wesentlich reduziert. Die Ameisenweisheit und unsere Simulationen wurden bestätigt. Bei intelligentem Aufbau der Gebäudehüllen aus reinem und vollem Holz ist es möglich, feinste Temperaturregelungen mit geringstem Technologiebedarf zu erreichen.

Direktor Kieninger berichtete aber noch über eine weitere herrliche Eigenschaft seines hölzernen Archivs. Ein zweiter Teil seiner Filmsammlung wird noch im „alten" Filmarchiv gelagert, gebaut aus Stahlbeton. Nun gibt es wohl selten ein Gebäude, in dem das Raumklima rund um die Uhr nicht nur so konstant gehalten, sondern auch so genau beobachtet und aufgezeichnet wird. Es existieren von beiden Bauten ganzjährige Temperatur- und Feuchtekurven. Obwohl wir im neuen Holz100-Archiv eigentlich eine viel einfachere und kleinere Kältemaschine und weniger Technik ha-

Die wertvollen Kulturschätze der Republik Österreich sind durch die Vollholzhülle des Filmarchives geborgen.

ben, sind dort die Klimakurven viel ausgeglichener und glatter. Das Holz leistet nicht nur im Krisenfall die lange Pufferung. Es verbessert tagtäglich das Klima und gleicht jedes Extrem aus. „Eigentlich ist das bei uns nicht von so großer Bedeutung, aber es ist schon komisch, dass sich alle Mitarbeiter bei derselben Temperatur von 1,7–2,0° C im Holzarchiv wesentlich wohler und auch wärmer fühlen als im Betonlager. Mir selbst geht es genauso. Dabei können wir in beiden Lagern dieselbe Temperatur ablesen“, so Ernst Kieninger zu seinem Empfinden zwischen verschiedenen Baustoffen.

Abschließend äußerte er sich noch zu einem anderen Filmarchivneubau. In Berlin wurde ein ebensolches Lager für Nitrofilme mit gleichen Ansprüchen errichtet. Die Berliner verwendeten allerdings keine Holzbauweise. „Das ist für mich besonders interessant“, meinte Kieninger, „unser hölzernes Archiv war in der Anschaffung nicht teurer und ist jetzt im Betrieb wesentlich kostengünstiger als die Berliner Variante. Die Berliner Kollegen können eben nicht den Vorteil der temperaturträgen und feuchtepuffernden Holzmasse nutzen und mussten daher wesentlich kostspieligere und kompliziertere Maschinen zur Klimatisierung einbauen. Damit hatten sie höhere Baukosten und haben jetzt durch den Energieverbrauch höhere Erhaltungskosten. Die ökologischere Variante mit dem unverleimten Holz hat für uns technisch wie auch kaufmännisch nur Vorteile.“

Ich wusste, wie sehr sich der Direktor mit seinem Team für die „Ameisenvariante“ – intelligentes Low Tech mit dem Naturbaustoff Holz – eingesetzt hatte und freute mich. Das Filmarchiv Austria ist ein Glücksfall für Holz100 und ein Musterbeispiel für das Lernen aus der Natur. Dort, wo ganz genau gemessen und dokumentiert wird, kommen die Vorteile der chemiefreien Vollholzbauweise am deutlichsten zum Vorschein. Das Wohlfühlen und die Vorteile, die im normalen Wohnhaus subjektiv empfunden werden, können hier anhand exakter Zahlen abgelesen werden.

Solche Beispiele stehen stellvertretend für eine Vielzahl von erfolgreichen Umsetzungen der neu entdeckten Naturkonzepte. Es gibt inzwischen siebengeschossige Hotelbauten ohne Chemie, nur aus reinem Holz errichtet, Bürobauten, die mit mehreren Tausend Quadratmetern Nutzfläche ohne Heizungs- und Kühlenergie von außen ihr Auslangen finden.

Das Totschlagargument, Baumideen und Ameisenweisheit sind romantische Einfälle, die in der Wirtschaft und Industrie nicht umsetzbar sind, gilt nicht mehr. Mit Mutter Natur als Vorbild, den Bäumen als Begleitern und Ameisen als Beratern können wir unser krankendes Gesellschaftsmodell wieder heilen. Ganzheitliches Denken, das Wohl aller und natürliche Kreisläufe anstelle von Ausbeutung und Müll sind die Schlüssel zum neuen Weg.

Die kleinen Insekten der Wälder, die unbeachteten Ameisenstaaten leben uns einen herrlichen Gegenentwurf zu unserer Wegwerfgesellschaft vor. Sobald es gelingt, alles Material, das wir der Natur entnehmen, nach der ersten Lebensdauer wiederzuverwenden, verwandelt sich der angebliche Mangel in Fülle. Das Filmarchiv Austria ist so gebaut, dass es für Jahrhunderte seinen Zweck erfüllen kann und wohl auch wird. Trotzdem könnte das Bauwerk jederzeit rückgebaut und bis auf das letzte einzelne Holzstück zerlegt werden. Das wird durch die Leimfreiheit möglich.

Auf diese Weise kann aus einem Gebäude wieder ein neues Haus entstehen – ganz nach dem Vorbild der Ameisen. Wer aus alten Häusern wieder neue bauen kann, der braucht sich um die Abholzung der Wälder oder um Holzmangel nicht zu sorgen. Diese intelligente Kreislaufwirtschaft ist zweifellos die einzige Möglichkeit, unsere Industrie und Wirtschaft wieder enkelkindertauglich und zukunftsfähig zu machen.

Es mag uns vielleicht überraschen, aber diese Umsetzung bringt technisch ausschließlich Vorteile bei keinerlei Nebenwirkungen. Durch den Verzicht auf die in der Holzindustrie üblichen giftigen Leime, wie zum Beispiel bei Brettsperrholz, erreichen wir nicht nur die Zerlegbarkeit und Wiederverwendbarkeit. Die mechanisch wirkenden Dübel können ja herausgebohrt werden. Auch die Wärmedämmung verbessert sich durch die mechanische Verbindung bei gleichem Querschnitt auf fast das Doppelte. (Mehr zu diesem Wunder lesen Sie im nächsten Kapitel.) Und auch bei der benötigten Produktionsenergie sind die Ameisen unser Vorbild. Wie bereits erklärt, laufen diese Tiere zu Hunderten auf das Dach des Hauses, wenn sie im Inneren Wärme benötigen. Dort lassen sie ihren dunklen Leib von der Sonne regelrecht erhitzen. Solcherart mit Wärme geladen, gehen sie nun ins Haus hinunter, um auszukühlen und die Energie abzuladen. Bei der uns jetzt bekannten präzisen Ameisenorganisation versteht es sich von selbst, dass die frei werdenden Sonnenplätze auf dem Dach sofort nachbesetzt werden. Genau so lange, bis genug Wärme im Haus ist.

In unseren Holz100-Fabriken benötigen wir vor allem elektrischen Strom, um die großen, computergesteuerten Maschinen und Roboter zu betreiben. Ihn holen wir vom Dach der Werkhallen. Im deutschen Holz100-Werk im Schwarzwald gibt es eine Jahreskapazität für gut 200 Einfamilienhäuser. Auf dem Dach der Halle wird aber mehr Sonnenstrom mit den PV-Elementen eingefangen, als alle Maschinen darunter das ganze Jahr für ihre Arbeit benötigen. Wer hätte das gedacht? Die Sonne auf dem Dach einer Fabrik reicht aus, um alle Maschinen zu betreiben.

Auch Fabriken können energieautark betrieben werden. Das Holz100-Werk im Schwarzwald erzeugt 100–200 Häuser pro Jahr und bezieht seinen Sonnenstrom vom eigenen Dach.

Familie Uhl vor ihrer gestifteten Denkfabrik bei Bozen – gebaut aus vollem Holz. Ein Ort, an dem neue, bessere Wege in die Zukunft gezeigt werden.

Als wir dieses Projekt energieautarker Fabriken angedacht haben, wurde mir auch gesagt, das sei sinnlos, ja unmöglich. Aber wer energieautarke Häuser baut, will diese auch mit Sonnenkraft herstellen. Wir haben es einfach versucht – und es funktioniert. Nur noch extreme Verbrauchsspitzen und nächtliche Arbeitsstunden müssen über das Stromnetz ausgeglichen werden. In Summe speisen wir aber wesentlich mehr Strom in das Netz zurück.

In unseren Wäldern liegen so unglaublich viel Lebenserfahrung, Weisheit und technische Ingenieurskunst verborgen. Was gibt es Schöneres, als dem nachzuspüren und dort zu lernen. Häuser ohne Heizkosten und Fabriken, die von der Sonne getrieben werden, sind nur ein Lohn, der uns so geschenkt wird.

Atomkraft, wir brauchen dich nicht mehr. Öltankerunfälle und Erdgasabhängigkeit – auf Nimmerwiedersehen. Liebe Ameisen, wir danken euch! Das Material, mit dem die Ameisen ihre Bauwunder verwirklichen, wird ihnen von den Bäumen geschenkt. Und dort, im Holz selbst können wir die nächsten genialen Möglichkeiten entdecken. Sehen wir im folgenden Kapitel daher tief hinein in diese Wunder des Holzes.

WELTMEISTER DER VIELSEITIGKEIT

Seit wir Menschen die Erde bewohnen, versuchen wir, unser Dasein zu verbessern. Dabei hat die Forschung nach neuen, besseren Materialien stets eine zentrale Rolle gespielt. Umso erstaunlicher mutet es an, dass es uns noch nie gelungen ist, ein auch nur annähernd so vielseitiges Material wie Holz zu entwickeln. Holz bleibt der unangefochtene Weltmeister der Vielseitigkeit. Es stellt die intelligenteste Kombination aus Höchstleistungen in verschiedensten Disziplinen dar, die noch dazu ganz einfach in der umweltfreundlichsten Fabrik, in unserem Wald erzeugt wird.

Die Betrachtung solcher technischer Superlative und tabellarischer Vergleiche ist an sich schon interessant. Die große Bedeutung im 21. Jahrhundert erreicht der Werkstoff Holz aber vor allem dadurch, dass seine ganzheitliche Wirkung für alle Menschen von großem Segen ist. Neuerdings werden mit Holz Häuser gebaut, deren Mieter und Eigentümer keine Heizrechnung mehr bezahlen müssen, weil das Haus energieautark ist. Und das OHNE Dämmstoff und OHNE komplizierte Technik.

Holz ermöglicht zudem eine abfallfreie Kreislaufwirtschaft. Und wohl das größte Geschenk: Im reinen Holz leben wir nachweisbar gesünder und länger. Von der Allergie bis zu Schlafproblemen, vom geschwächten Immunsystem bis zur gestressten Nervosität unserer Zeit – reines Holz in die Wohnung zu bringen ist ein Rezept, das einfach heilt und uns Menschen schützend begleitet. Es gibt demnach Gründe genug, sich die besonderen Eigenschaften und Möglichkeiten des Holzes näher anzusehen. Beginnen wir also eine Reise zum so wichtigen Material für dieses Jahrhundert.

Die erste Überraschung erleben wir bei der Suche nach dem Ursprung. Woher kommt denn dieses Material Holz überhaupt? Wie bildet der Wald das Holz seiner Bäume? Die meisten Menschen würden jetzt antworten, die Nährstoffe für das Wachstum rührten aus dem Boden her. Nimmt der Baum wirklich alle Baustoffe für seinen mächtigen Körper aus dem Boden? Nein. Wenn er das täte, müsste ja neben jedem Baum ein großes Loch sein. Verbrauchter Boden eben, der zu Holz geworden ist. Die Bestandteile eines Baumes, die chemisch gesehen aus dem Boden stammen, machen aber nur rund ein Prozent des Holzes aus. 99 % der Materie, die im Wald zu Holz geformt wird, bezieht der Baum aus der Luft und aus dem Wasser. Bäume atmen Luft ein und nehmen daraus das Gas CO_2 als Nahrung. Sie spalten dieses Molekül und verwenden die C-Atome, also den gasförmigen Kohlenstoff der Luft, zum Bau ihres Körpers. Das verbleibende O_2, der Sauerstoff, wird als gute Waldluft ausgeatmet. Aus dem Wasser, den H_2O-Molekülen, spalten sie sich die H-Atome ab, die sie gemeinsam mit dem Kohlenstoff zur Konstruktion des Holzes verwenden.

Chemisch gesehen sind Bäume also Luftwesen. Umgewandelte Luft, die für eine bestimmte Zeit zur Materie wird. Obwohl wir Menschen aus schwerem Holz Häuser bauen, die Jahrhunderte und auch Jahrtausende überdauern, ist dieses Material aus Luft geformt. Bäume sind zum großen Teil aus der Atmosphäre gebundener Kohlenstoff.

Das Gute daran ist, dass durch Holzwachstum das Treibhausgas CO_2 in der Luft weniger wird. Die ganze Klimaerwärmung mit all ihren Folgen entsteht ja deshalb, weil wir Menschen durch die unmäßige Verbrennung von Erdöl, Gas und Kohle viel zu viel CO_2 in die Atmosphäre blasen. Im letzten Jahrhundert hat unser CO_2-Ausstoß derartige Dimensionen angenommen, dass er das natürliche Aufnahmevermögen der Wälder und Pflanzen bei Weitem übersteigt. Wenn wir Erdenbewohner diesen klimaschädigenden CO_2-Ausstoß so schnell wie möglich drastisch reduzieren, könnten die Bäume diesen Schaden in der Atmosphäre zumindest lindern und langfristig sogar wieder heilen.

Doch damit zurück zum Material Holz. Egal ob wir ein Stück Eiche oder Fichte, eine Tanne oder eine Buche in den Händen halten, immer sind es Kohlenstoff- und Wasserstoffketten mit einigen ganz wenigen Spurenelementen aus dem Boden, die einzelne Zellen aufbauen. Aus ihnen formt dann jede Baumart wieder nach unterschiedlichen Konzepten unglaubliche, mannigfaltige mikroskopische Wunderwelten. Von außen sehen wir die Stämme in wunderbare Rindenkleider gehüllt. Oder die Äste. Klug geformt, damit sie alle Lasten tragen können. Doch im Inneren dieses Holzes verbergen sich Mikrokosmen, die in ihrer Vielfalt unserer großen, äußeren Welt um nichts nachstehen. Da existieren Transportrouten in Form verschieden großer Kapillarröhren zur Saftleitung. Es gibt mannigfaltige Schleusen- und Ventilsysteme. Auch die Art der Bevorratung von Wasser und Nährstoffen im Bauminneren ist immer an die jeweiligen Lebensräume eines Baumes angepasst. Hallen mit Säulen und Streben erinnern an Märchenschlösser. Dort liegen die Nahrungsschätze des Baumes. Vorratskammern werden oft quer zu den Jahresringen als sogenannte Markstrahlen angelegt. Diese üben auch eine wichtige bautechnische Funktion beim Zusammenhalt der Jahresringschichten im Holzhaus Baum aus. Andere Bäume verzichten auf dieses System und finden verschiedene Formen der Vernetzung und Verdrallung zum Zusammenhalt ihres inneren Aufbaues. Die einen hängen Vorratshallen zusammen, die anderen verwickeln ihre Transportwege und Leitungen so intelligent, dass sie Stürme abfedern und tonnenschwere Lasten tragen können.

Neben der mechanischen Formenvielfalt lebt in jedem Stück Holz auch das Wunder einer chemischen Laborfabrik. Es brodelt und kocht, es fließt, stockt und drängt sich. Moleküle werden geteilt, neu zusammengestellt und geformt. Nur die Arbeiter, die wir aus jeder Fabrikhalle kennen, fehlen hier. Ein Geisterwerk scheint abzulaufen. Niemand treibt, niemand lenkt und doch ist es betriebsamer als sonst wo auf der Welt. Ständig kommt neues Material, neuer Kohlenstoff von all den Bäumen und Nadeln. Die allerwinzigsten Teilchen docken irgendwo an. Was zuerst zufällig wirkt, ergibt hinterher eine Zelle am richtigen Ort zur richtigen Zeit in genau der richtigen Form. Welche Kraft vermag diese Mikrobausteine genau dorthin zu ziehen, wo sie gerade nötig sind? Was schafft es nur, dass sich hier über Jahrhunderte hindurch scheinbar mühelos so unsichtbar kleine Moleküle, Kohlenstoffatome aus der Luft zusammenfinden? Sie verschränken, verkrallen sich und am Ende bilden sie, genial verstrickt, die schwere Gestalt turmhoher Bäume.

Ja, sie kommen aus der Luft, die allerwinzigsten Bauteile des Baumes. Damit sind sie nicht mineralisch, nicht Stein und Fels. Sie sind vielmehr organisch, eben pflanzlich und auch bereit, wieder zur Gänze in das Gasförmige zurückzukehren. Organische Substanz vergisst nie ihre Herkunft, die Möglichkeit, sich einfach und vollkommen rückstandsfrei in die ursprünglichen Teile aufzulösen. Organisches Material übt hier auf Erden seine Aufgabe aus. Danach verwandelt es sich erneut zu Luft. Die Energie der Sonne, die vorher das Material entstehen ließ, wird jetzt wieder als Flamme oder bei der Verrottung langsamer frei. Es ist immer warm, wenn Holz abermals in die Luft zurückkehrt.

Wenn das Holz nicht verbrennt, sondern im Urwald liegen bleibt, kommen Heerscharen von Mikroorganismen. Pilze, Viren, Bakterien haben jetzt die Aufgabe, den Verband des Holzes aufzulösen, die einzelnen Kohlenstoffatome mit Sauerstoff aus der Luft zu verbinden und als CO_2-Moleküle gasförmig in die Atmosphäre zurückzuschicken. Das Vermodern von Holz ist stofflich gesehen der gleiche Vorgang wie das Verbrennen. Es läuft nur alles viel langsamer ab.

Diese Kreisläufe der organischen Substanz auf unserer Erde sind für uns Menschen von größter Bedeutung. Immerhin ist unser Körper organisch genau gleich aufgebaut. Die kleinsten Bauteile von uns stammen aus demselben Ursprung wie beim Baum. Unsere Vergänglichkeit können wir im Alterungsprozess erkennen. Diese Ähnlichkeit in unserer Grundstruktur beschert uns auch ähnliche Herausforderungen.

Wir können von Viren, Bakterien oder Pilzsporen befallen und krank werden. Dieses Schicksal teilen wir mit den Bäumen. Für uns Menschen haben wir deshalb die moderne Medizin entwickelt. Mit den Medikamenten aus der Pharmaindustrie versuchen Ärzte gegen alle Krankheiten anzukämpfen. Der Erfolg jener Bemühungen drückt sich ganz trocken in der Zahl unserer Lebenserwartung aus. Wir wissen, dass diese in den entwickelten Industrieländern gegenwärtig zwischen 70 und 85 Jahren liegt. Das ist im Vergleich zur Lebenserwartung im Mittelalter ein beeindruckender Fortschritt. Wie sieht der Vergleich zur Lebenserwartung von Bäumen aus?

Bäume können mehrere Jahrtausende alt werden. Damit sie ihre vergänglichen Zellen so lange funktionsfähig halten, haben sie höchst intelligente Rezepturen entwickelt. In Bäumen finden wir wahrhaftige Lebenselixiere, die wirkungsvoller Bakterien, Viren und Pilze abtöten, als das unsere besten Medikamente aus der Pharmaindustrie vermögen. Allem voran muss hier das Harz der Nadelbäume genannt werden, aber auch in Laubbäumen finden sich vor allem Säuren, wie etwa die Gerbsäure der Eiche oder Salicylsäure der Weiden. Besonders faszinierend ist es, dass diese Mittel auch beim Menschen angewandt, hervorragend wirken und das ohne den Nachteil von Nebenwirkungen, den wir von den meisten Medikamenten kennen.

Diese heilsame Welt der Naturmedizin aus den Bäumen von der unglaublich wundheilenden Lärchenharzsalbe bis zum Aspirin aus der Weide habe ich gemeinsam mit Dr. Maximilian Moser in unserem Buch „Die sanfte Medizin der Bäume“ samt Rezepten ausführlich beschrieben und wissenschaftlich beleuchtet. Deshalb soll es hier bei der Erwähnung der genialen Baumchemie bleiben. Heilwissen aus Baumsubstanzen gehört zu den uralten Wissensschätzen der Menschheit, die heute zunehmend auch die klassische Schulmedizin bereichern und ergänzen.

Gehen wir damit zurück zum mechanisch-strukturellen Aufbau des Holzes.

Wer einen gefällten Baumstamm an seiner Stirnseite betrachtet, der sieht eine runde Scheibe mit lauter Ringen. Letztere heißen Jahresringe, weil jedes Jahr genau ein Ring außen unter der Rinde am Baum nachwächst. Neben seinem Längenwachstum in die Höhe zieht der Baum also Jahr für Jahr ein weiteres Kleid aus Holzzellen an. Das ist das Dickenwachstum des Baumes, es wird auch Stärkenwachstum genannt.

Wenn wir mithilfe eines Mikroskops schauen, was da geschieht, erkennen wir, dass dieses Wachstum genauso gesteuert ist, wie das Austreiben von Blättern und neuen Nadeltrieben durch die Jahreszeiten. Im Frühjahr geht es los. Direkt unter der Rinde liegt das sogenannte Kambium. Hier werden jetzt neue Holzzellen gebildet und auf die bestehende Stammfläche aufgebaut. Solange die Verhältnisse optimal sind, läuft diese Produktion auf Hochtouren. Die Produkte, die neuen Zellen, sind in dieser Zeit groß und wohlgeformt. Naht aber der Herbst, fühlt der Baum, dass sein Wachstum bald zu Ende sein wird. Im Winter, bei Frost und Kälte, sind die chemischen Vorgänge der Zellteilung nicht mehr möglich. Außerdem werden die Tage bereits kürzer, das Licht weniger.

In dieser Phase nimmt der Baum die letzten Reste an Nährstoffen auf und es entstehen kleinere Zellen, die im Verhältnis zu ihrem Inneren eine wesentlich dickere Zellwand haben als die schneller gewachsenen Frühjahrszellen. Diese kleineren, dickwandigeren Zellen bezeichnet man als Spätholz. Genau sie sind es, die den dunklen Rand eines Jahresringes bilden. Die dunkleren, dichteren Zellwände kündigen das jährliche Produktionsende eines Baumes an.

Das Bild aller Jahresringe zeigt den Produktionsablauf vom Holz. Es ist der Lebensbericht des Baumes, der im Jahrringbild genau aufgezeichnet wird. So kann der Fachmann eine Menge an Holzeigenschaften ablesen. Bäume, die sehr ruhig gewachsen sind, weisen gleichmäßige, zentrische Jahresringe auf. Bäume, die ihr Leben lang an windigen Kanten und Graten gestanden haben, mussten zur Absicherung und Verstärkung ihres Stammes einseitig besonders hartes Reaktionsholz bilden. Solche Stämme haben stets einen exzentrischen Kern und eben einseitig viel sperriges Reaktionsholz. Die Unruhe dieses Lebens wird auch in das Holz hineingetragen. Bretter und Balken aus solchen Bäumen werden sich immer wieder verdrehen und verziehen. Generell kann gesagt werden, dass die Holzqualität umso besser ist, je ruhiger und gleichmäßiger sich der Jahresringaufbau zeigt.

Ein weiteres Qualitätskriterium, das an den Jahresringen abgelesen werden kann, ist jenes der schnell oder langsam gewachsenen Bäume. Darf der Baum bei Nährstoffen, Wasser und Wärme aus dem Vollen schöpfen, erreichen seine Jahresringe eine maximale Breite. Hingegen beschränken karge Böden, extreme Trockenheit oder kaltes Klima mit nur ganz kurzen Vegetationsperioden die Zellbildung stark. Hier entstehen dann sehr enge Jahresringe. Eine Fichte im Hochgebirge kann zehn Mal länger brauchen, um die gleiche Stammstärke zu erreichen, als ihre Artgenossin im Tiefland. Hoch oben in den Bergen ist eben die Vegetationszeit viel kürzer. Zuerst liegt der Schnee bis Ende Mai oder an extremen Orten auch bis zum Juni. Und im Spätsommer kann schon wieder kalter Nachtfrost alles Wachsen sehr früh beenden.

Feinjähriges Holz gilt insbesondere beim Nadelholz allgemein als hochwertiger im Vergleich zu schnell gewachsenen Stämmen. Allerdings gilt dieser Anspruch vor allem für Spezialanwendungen wie Instrumentenholz, edle Tischlerware oder Bauteile, die höchste Maßhaltigkeit leisten müssen, also für Fensterrahmen, feine Glasträger, Leisten und Ähnliches.

Für normales Bauholz genügt ein mittlerer Jahrringaufbau vollkommen. Wenn der Wuchs sonst regelmäßig und frei von Reaktionsholz aus Winddruck ist, kann auch aus relativ schnell gewachsenen Stämmen immer noch Bauholz gewonnen werden, das alle technischen Anforderungen erfüllt. Die Gleichmäßigkeit der Jahresringe untereinander ist ebenso wie der Abstand der Ringe zueinander qualitätsbestimmend. Wie in jedem Konzert des Lebens, in dem die Natur den Dirigentenstab führt, ist es auch hier eine ganze Reihe von Einflüssen, die zusammenspielen und das Ergebnis ausmachen. Der Fachmann zeichnet sich dadurch aus, dass er gelernt hat, in diesem Buch zu lesen, und das Holz für den jeweiligen Zweck richtig sortiert und einsetzt.

DAS QUELLEN UND SCHWINDEN

Die Fuge

Gott schuf das Holz, mal hart, mal weich,
doch eins, sprach er, ist immer gleich,
es wird nie rasten und nie ruh'n,
wird arbeiten, wird stets was tun.

Und so gab er dem Holz die Zellen,
jetzt konnt' es schwinden und auch quellen,
doch als es schwand, wurd's plötzlich klar,
da war ein Stück, wo nichts mehr war.

Und da sprach unser Herr, der kluge:
Mein liebes Holz, das ist die Fuge.
Trag sie mit Achtung und mit Stolz,
an ihr erkennt man dich als Holz,
auch Fugen sind ein Stück Natur,
begreif es, Mensch, sei nicht so stur.

nach Walter Holthusen

Holz quillt, wenn es nass wird und Feuchtigkeit aufsaugt. Beim Austrocknen wird sein Volumen geringer, es schwindet wieder. Das kennt jeder, der mit Holz zu tun hat. Diese Bewegung ist aber kein gleichmäßiger, linearer Prozess, sondern vielmehr wieder einmal von der faszinierenden Innenwelt des Baumes abhängig und gesteuert.

Die jährliche Jahrringhülle, die an der Stammfläche zuwächst, kennen wir bereits. So wird jeder Ring Jahr für Jahr von einer neuen Holzschicht nach außen hin überwachsen.

Genau genommen ist bei einem Stamm mit hundert Jahresringen der äußerste Ring erst ein Jahr alt, während nur der innerste Ring genau hundert Jahre als Materie auf dieser Welt weilt. Im normalen Sprachgebrauch spricht man aber bei einem Stamm mit hundert Ringen immer von hundertjährigem Holz.

Nun herrscht zwischen den randnahen, jungen Schichten und dem inneren, alten Kernholz eine große Aufgabenteilung. Die äußere Zone des Stammes, das sogenannte Splintholz, das einige Zentimeter tief in den Stamm hineinreicht, ist die Transportzone des Baumes. Hier fließt der Saftstrom von den Wurzeln zur Krone, bringt Nährstoffe hinauf und transportiert sozusagen als Gegengeschäft wieder Zucker hinunter zu den Wurzeln und ihren kooperierenden Pilzkulturen. Wasser ist das Transportmedium. Im Splintholz geht es daher ziemlich feucht und nährstoffreich zu.

Manche Bäume, wie etwa die Kiefer, Lärche oder Eiche, kennzeichnen ihr Splintholz mit einer eigenen, viel helleren Färbung, die sich deutlich vom dunkelroten oder braunen Kernholz absetzt. Man könnte sagen, sie markieren ihre Transportzone mit einer eigenen Farbe. Andere Bäume, wie die Fichte, Tanne oder der Ahorn, tun das nicht. Hier ist alles einheitlich hell. Die technischen Unterschiede und Funktionen zwischen Splint- und Kernholz sind jedoch stets die gleichen.

Im Kernholz geht es im Gegensatz zum Splintbereich viel ruhiger zu. Hier tief drinnen im Stamm gibt es keinen hektischen Warentransport. Die frei gewordenen Leitungen und Kammern dienen jetzt der Stütze des Baumes. Und hier lebt in aller Ruhe die Apotheke des Waldes. Vorräte werden gelagert. Harze, ätherische Öle, Säuren und all die wunderbaren Lebensstoffe, die zum Wunderwerk Baum beitragen, können gefunden werden.

Dementsprechend gibt es im Kernholz viel, viel weniger Wasser. Wer einen Baum umschneidet, egal zu welcher Jahreszeit oder Mondphase, der wird immer messen können, dass das Kernholz eine Holzfeuchte von rund 40 Prozent aufweist, während das Splintholz im selben Stamm mindestens 20–30 % mehr an relativer Holzfeuchte enthält.

In einem einzigen, runden Holzstamm finden wir also stets sehr trockene und sehr feuchte, ganz junge und viel ältere Holzsubstanz. Erst beim Trocknen verschwindet der Feuchteunterschied. Beinahe jedes Brett und jeder Balken enthält gleichzeitig einen bestimmten Anteil Kernholz und einen bestimmten Anteil

Splintholz. Das ergibt sich fast immer so, wenn aus einem runden Stamm eckige Formen herausgeschnitten werden. Das Trocknen von Holz bedeutet grundsätzlich ein Zusammenziehen der Holzzellen durch Wasserverlust.

Es wäre nicht die Natur, wenn das so einfach linear und überall gleich verlaufen würde. Nein, die Holzzellen ziehen sich entlang der Jahresringe immer stärker zusammen als quer zu den Zellen. Außerdem schwindet Kernholz geringfügig weniger als Splintholz. Wenn sich nun in einem Stück verschiedene Schichten verschieden stark bewegen, so hat das zur Folge, dass sich Holz in der Trocknung bewegt. Es „arbeitet". Sehen wir uns diesen Schwund näher an.

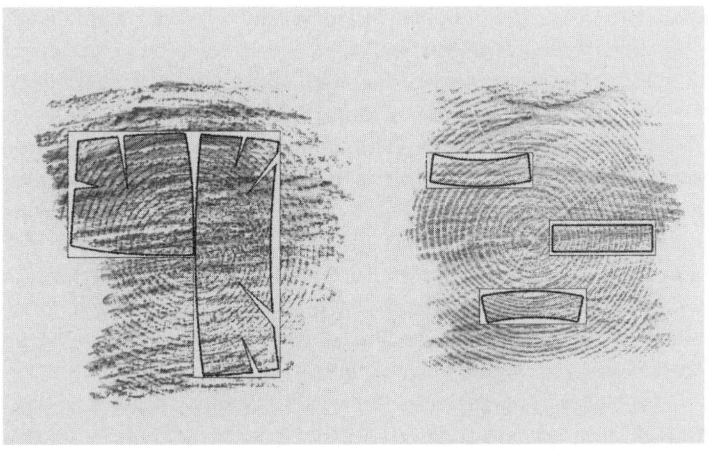

Natürlicher Schwund des Holzes: Am stabilsten bleiben immer die Stücke mit stehenden Jahresringen (sog. Riftholz).

Beim einzelnen Brett kommt es also stark darauf an, wie es aus dem Stamm herausgeschnitten wurde. Ein Brett mit liegenden Jahrringen (Flader genannt) schwindet bei einer Trocknung auf 10–12 % Feuchte um ganze 10 % seiner Breite.

Die gleiche Brettbreite schwindet bei gleicher Trocknung aber nur halb so stark, also circa 5 %, wenn es ein sogenanntes Riftbrett mit stehenden Jahrringen ist.

In Jahresringrichtung schwindet Holz also immer doppelt so viel als quer dazu. Das hat zur Folge, dass große Balken zur Entspannung Längsrisse bilden und breite Bretter oder Bodendielen leichte Wölbungen spüren lassen. Die Längsrisse in Balken sind übrigens statisch unerheblich und kein Nachteil. Im Gegenteil, gerade diese Erscheinungen sind es, die uns Menschen die Natürlichkeit des Holzes spüren lassen. Die Haptik des unregelmäßigen, organischen Holzes wirkt nachgewiesenermaßen deshalb so positiv auf unsere Gesundheit, weil sie nicht eintönig, glatt und uniform gebügelt ist wie Kunststoffimitate oder ähnliche Materialien. Man kann sagen, Längsrisse in Holzbalken sind das Markenzeichen für naturbelassenes Holz.

Das Arbeiten des Holzes bietet einen weiteren unschätzbaren Vorteil. Die Kraft, die ein auseinanderquellendes Holzstück erreicht, ist stärker als jeder Stein. Schon im alten Ägypten wurde diese Technik beim Pyramidenbau eingesetzt. Wer in einen Granitblock ein Loch bohrt und dort einen staubtrockenen Holzdübel hineintreibt, der kann den Stein sprengen, indem er Wasser auf den Kopf des Dübels träufelt. Ein quellender Holzdübel sprengt jeden Fels. Auch heute noch wird die Methode in Marmorsteinbrüchen verwendet, um besonders große und wertvolle Platten langsam und schonend zu gewinnen.

Im Holzbau ist der Dübel mit seiner Quellkraft die große Alternative zur gängigen, aber giftigen Verklebung. Bereits bei den ältesten Holzbauten der Menschheit sind Verdübelungen zu finden. Mehr als tausend Jahre alte Holztempel Asiens werden allein durch Holzdübel und kunstvolle Steckverbindungen zusammengehalten. Gemeinsam mit den beiden technischen Universitäten Wien und Karlsruhe haben wir im Thoma-Forschungszentrum diese Naturkraft wissenschaftlich erforscht, daraus als Pionierunternehmen bereits in den 1990er-Jahren das verdübelte Massivholzbausystem Holz100 entwickelt. Nach den Bauzulassungen konnten wir inzwischen bald 2.000 Bauten in 33 Ländern errichten. Dabei haben wir Gebäudehöhen bis elf Geschosse erreicht. Die Kraft, die alles zusammenhält, ist die Quellkraft des Holzdübels in unseren Holz100-Wänden und -Decken.

Die Dübel werden staubtrocken in die Kreuzlagen der Massivholzelemente hineingetrieben. Dabei nehmen sie aus dem umgebenden Holz dessen Ausgleichsfeuchte auf und wachsen so untrennbar in die neue Verbindung hinein. Mehr dazu finden Sie in den nachfolgenden Kapiteln.

Zuletzt soll nur noch eine Besonderheit des Quellens von Holz erwähnt werden. Es gibt eine Richtung, in der sich Holz bei jeglicher Feuchteänderung praktisch nicht bewegt. Das ist die Wuchsrichtung des Baumes. Ein Balken oder ein Brett schwindet und quillt daher niemals der Länge nach. Das Arbeiten des Holzes bewegt immer nur die beiden Querrichtungen eines Brettes. Längs zur Faser tut sich nichts.

Das ist unglaublich wichtig. Nur so konnten Stradivari und alle anderen großen Geigenbaumeister ihre einzigartigen Instrumente bauen, die nach Jahrhunderten immer noch bestens klingen. Hinter den gespannten Saiten formt natürlich Längsholz den stabilen Geigenhals und hält die Spannung stabil.

In der Konstruktion unserer hohen Häuser nutzen wir dieses Prinzip ebenso. Stehende Hölzer und Kreuzlagen erreichen formstabile Bauten, die praktisch setzungsfrei sind. Genau so ist es gelungen, das siebengeschossige Hotel Forsthofalm in Leogang zu bauen. Dort befindet sich das Schwimmbad im sechsten Stock unter dem Dach und Ruheraum im siebten Stockwerk.

Der Weg mit der Natur heißt, beim Bauen das Holz zu verstehen und seine natürlichen Bewegungen zuzulassen und zu nutzen. Auf diese Weise haben Generationen vor uns Holzbauten errichtet, die wir heute als Weltkulturerbe bewundern. Nach einem 25-jährigen Forschungs- und Entwicklungsweg ist es gelungen, diese Verbindungen industriell mit Robotern und modernen Maschinen so herzustellen, dass es auch für gewöhnliche Bauherren beziehungsweise Wohnbauten leistbar geworden ist.

Im Gegensatz dazu steht die chemische Holzverklebung. Der Ansatz beim Leim ist es, die Bewegungen zu bekämpfen, sie abzusperren. Mit der Kraft der Chemie soll das Leben der Struktur unterbunden werden. Das Ergebnis sind giftige Klebstoffe, die zuerst den Menschen belasten oder krank machen und am Ende das kostbare Holz zu Sondermüll verwandeln.

DAS BESONDERE MATERIAL

Jedes Stück Holz ist einzigartig und kommt kein zweites Mal genau gleich vor. Das macht seinen besonderen Zauber aus. Für den Techniker stellt es so eine organische Vielfalt, aber auch eine Herausforderung dar. Bei der Berechnung und Dimensionierung von Holzkonstruktionen wird der natürlichen Materialstreuung daher Rechnung getragen, indem es besonders hohe Sicherheitszuschläge gibt. Diese Zuschläge bedeuten, dass eine Konstruktion auch dann noch sämtliche Anforderungen erfüllt, wenn theoretisch alle nur denkbaren Materialschwächungen in einem Stück zusammenfallen. Oder dass alle Balken, Bretter und Hölzer eines Bauwerkes die größtmöglichen Fehler und Schwächungen aufweisen. In der Praxis wird das so gut wie nie eintreten. Durch die angewendeten Sicherheitszuschläge, die üblicherweise bei 300 % liegen, bekommt jeder Bauherr, der sich für Holz entscheidet, noch eine zusätzliche Portion Sicherheit mitgeliefert. Von dem Querschnitt, der im Versuch gerade noch nicht zu Bruch geht, wird in der Praxis also immer die dreifache Dimension verwendet.

Zunächst fällt beim Holz auf, dass es im Verhältnis zu seinem Gewicht statisch viel mehr leistet als alle anderen Baumaterialien, die uns zur Verfügung stehen. Anschaulich wird dieser Zusammenhang, wenn wir die natürliche Reißlänge verschiedener Stoffe vergleichen. Das heißt, wir hängen einen Stab auf und verlängern ihn so lange, bis das Material durch sein eigenes Gewicht reißt. Bei Stahl beträgt diese Länge je nach Stahlqualität 4–8 km, bei Aluminium 11 km und bei Holz je nach Baumart 11–30 km. Beton und

Ziegelstein können hier gar nicht mitmachen, weil sie auf Zug im Verhältnis noch viel weniger belastbar sind.

Diese technischen Spitzenwerte der Zugfestigkeit des Holzes erklären sich wieder einmal aus seiner einzigartig feinen, inneren Vernetztheit. Nur Holz verfügt über eine total optimierte innerlich verknüpfte Baustruktur. Würde man alle Kapillarröhren, Zellwände und Hohlräume von nur 1 cm^3 Holz als Fläche ausbreiten, käme man je nach Holzart auf Werte von 100–500 m^2.

Das bedeutet: Ein Holzwürfel, so groß wie der Würfel im Würfelspiel, verfügt über eine Innenoberfläche, die gleich oder größer ist als die Wohnfläche eines Hauses! Diese Struktur ist ein einziger Segen. Sie ist nicht nur das effizienteste Tragwerk, sie atmet auch und filtert Schadstoffe aus der Luft heraus. Sie puffert Feuchtigkeit und mildert im Winter die krank machende Zentralheizungstrockenheit. Sie ist antistatisch und trägt zur Staubreduktion in der Wohnung bei. Ein wahrer Glücksfall für alle Allergiker.

Und wer hätte das gedacht: Spitzenuniversitäten der Schulmedizin bescheinigen heute unbehandelten Holzoberflächen deutlich bessere hygienische Eigenschaften, als in klinischen Tests auf Kunststoff, Fliesen, Glas und Metall festgestellt wurde. Mit anderen Worten: Krankheitserreger werden vom Holz aktiv bekämpft und sterben dort um ein Vielfaches schneller ab als auf anderen Baustoffen.*

Im Holz hat die Natur ihre erfolgreichste Materialidee geformt und umgesetzt. Aber nicht nur die technischen Versuche der Evolution von Erfolg und Irrtum haben das wunderbare Material entstehen lassen. Nein, auch soziale Experimente und Innovationen waren bei der Entwicklung von Holz dabei. Seit 500 Millionen Jahren haben Bäume auf dieser Erde alle denkbaren Strategien erprobt, um vorwärtszukommen. Jede nur denkbare Möglichkeit, sich selbst einen Vorteil zu verschaffen, wurde erprobt. Am besten bewährt hat sich dabei allerdings nicht der Kampf gegeneinander,

* Siehe dazu „Die sanfte Medizin der Bäume" von Maximilian Moser und Erwin Thoma.

sondern das Gegenteil, die Zusammenarbeit miteinander. Soziologische Betrachtungen von Baumgesellschaften zeigen uns, dass Baumarten, die in ihrer Entwicklungsstrategie, in der Kronen- und Wurzelkonkurrenz kooperativer und weniger aggressiv agieren, am Ende größere Anteile eines Lebensraumes besiedeln.

Auf andere Rücksicht zu nehmen wird hier zum Erfolgskonzept. Holz ist das Material, das aus dem Gedanken entstanden ist, allen Beteiligten etwas Gutes zu tun. Das mag zwar sehr philosophisch klingen, die vielseitigen, technisch messbaren Qualitäten des Materials sprechen aber für sich. Die Konzeption dieses Stoffes ist der wohl radikalste Gegenentwurf zu unserer Natur vernichtenden Konsumgesellschaft. Gerade deshalb ist das Holz selbst heute ein Schlüssel zur Lösung vieler drängender Probleme. Auch als Techniker muss man immer wieder auf den kulturellen Hintergrund und die Entstehung eines Materials blicken. Nur so kann man besser verstehen, wie sich Ursachen und Wirkungen ergeben.

Bäume in ihrer Größe und Dauerhaftigkeit sind gleichzeitig Wesen, die nahezu hilflos an ihrem Standort verankert alle Unwetter, alle Unbilden des einen Erdenflecks, auf den ihr Samen gefallen ist, über sich ergehen lassen müssen. Die Zusammenarbeit, das gemeinsame Vorankommen mit den anderen zu suchen, ist da sehr naheliegend. Mikroorganismen, Pilze, Tiere, alle werden von den Bäumen genährt. Gemeinsam schaffen sie Gleichgewichte, erhalten Boden und Klima. Gemeinsam haben sie gelernt, für viele Generationen die Lebensgrundlage auf Erden zu sichern. Dieser ganzheitliche Schöpfungsansatz, der hinter dem Material Holz steht, lässt uns seine einzigartige, technische Vielseitigkeit und Genialität besser verstehen.

TECHNISCHE MEISTERLEISTUNGEN

Sehen wir uns noch einige weitere überraschende Meisterleistungen des Holzes an. Ende der 1990er-Jahre ist uns beim Bau unserer damals neu entwickelten Holz100-Häuser aufgefallen, dass die Mobiltelefone hinter den Vollholzwänden eine Abschirmung zeigten.

Durch unsere Initiative kam es an der Universität der Bundeswehr unter Prof. Dipl.-Ing. Peter Pauli zu einem umfangreichen Messprogramm. Das Ergebnis beeindruckte alle Beteiligten. Mit Vollholzstärken ab 20–25 cm Wandstärke konnten wir plötzlich 99,9 % hochfrequenzdichte und somit abhörsichere Häuser bauen.

In weiterer Folge haben wir dann für Auftraggeber, die wir nicht nennen dürfen, eine Reihe abhörsicherer Gebäude errichtet. Diese wurden mit 30 cm dicken Vollholzwänden und speziell abgeschirmten Fenstern beziehungsweise Türen ausgestattet.

Was exotisch klingt, hat aber auch für alle gewöhnlichen Bauherren Sinn. Wer einen mobilfunkfreien Schlafraum möchte, muss sich dort nur spezielle Fenster oder Rollläden einbauen lassen und schon bleibt der Mobilfunk messbar draußen. Will man während des Tages mit dem Handy im Haus telefonieren, öffnen sich diese und der nötige Empfang wird durch herkömmliche Fensterrahmen gewährleistet.

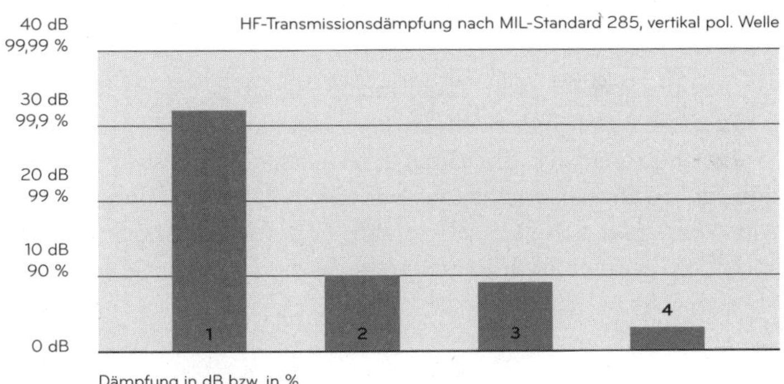

Produktbeschreibung, Typ und Anmerkung

1 Thoma Holz100 mit 2,4 cm Lärche Rauschalung/37 cm Fichte/ 4 cm Lärche Brandschutz
2 Beton 16 cm mit Stahlarmierung (2.400 kg/m³)
3 Hochlochziegel 36 cm (800 kg/m³), einseitig Putz
4 Fertighaus-Wand 0,9 cm KH-Putz/4 EPS/1,3 Spanplatte/14 Mineralwolle/1,8 GKP

Zum Thema Strahlenbelastung im Haus zählen natürlich auch die niederfrequenten Felder der E-Installation und Elektrogeräte. Nachdem sich diese Quellen im Haus befinden, gehören sie zumindest am Schlafplatz durch Netzfreischalter und/oder abgeschirmte Installationen weggeschaltet.

Das dritte Strahlenthema wieder in ganz anderen Frequenzbereichen ist die radioaktive Belastung im Haus. Interessante Angaben zur radioaktiven Strahlenbelastung aus natürlichen und künstlichen Quellen im Jahresdurchschnitt liefert ein Merkblatt der Bayerischen Gesellschaft für Nuklearmedizin in München. Demnach beträgt die durchschnittliche natürliche Jahresbelastung in Deutschland ca. 150 Millirem (mr). Beim Wohnen in Häusern aus unterschiedlichen Materialien kommt eine Strahlenbelastung in folgender Größenordnung dazu:

Granit/Schlacke:	+ 150 mr	= Summe 300 mr
Bimsstein/Gips:	+ 65 mr	= Summe 215 mr
Ziegel/Beton:	+ 20 mr	= Summe 170 mr
Holz:	- 10 mr	= Summe 140 mr

Als einziger Baustoff ist demnach Holz in der Lage, die Strahlenbelastung zu reduzieren!

Wichtig für alle, die einen Innenausbau vorhaben und sich zwischen Holzverschalungen und Gipsplatten entscheiden müssen: Vergleichen Sie die Werte von Holz und Gips. Diese Unterschiede mögen nicht dramatisch erscheinen. Aber im Zweifel entscheide ich mich lieber für das Bessere.

BRANDSCHUTZ

Holz brennt und wurde deshalb seit dem Zweiten Weltkrieg immer mehr vom Bau ferngehalten. Auf den ersten Blick erscheint das als gerechtfertigte Sicherheitsmaßnahme. In Wahrheit können mit Holz bei gleicher Konstruktionsstärke zum Teil aber sogar höhere Brandsicherheiten erreicht werden als mit Stahl und Beton. Was völlig unvorstellbar klingt, lässt sich im Brandlabor leicht untersuchen. Schauen wir aber vorher in den Wald.

Das Modell liefern wieder die Bäume, die in ihrem langen Erdendasein ja auch immer wieder mit verheerenden Waldbränden konfrontiert waren und es immer noch sind. In einer einzigen Form überleben manche Bäume auch die fürchterlichsten Brände, um danach wieder auszutreiben und ihre Samen auf die verbrannte Fläche zu streuen. Es sind die ganz dicken Stämme mit den mächtigen Borken, die das leisten. Holz brennt nur dann gut, wenn es dünn und von Luft umspült ist. Ein dicker Klotz hingegen brennt nicht, er verkohlt lediglich an seiner Oberfläche und bleibt im Inneren unversehrt.

Für den Wald ist die Situation nach einem Brand entsetzlich. Das wunderbare Kronendach, das Niederschläge wohldosiert zum Boden weiterreicht, ist zerstört. Brachiale Winde können ungehindert angreifen und den kostbaren Humus fortblasen. Im schlimmsten Fall tritt nach dem Brand der Verlust des Bodens ein. Hat die Verkarstung einmal eingesetzt, droht der Wald alles zu verlieren, was zuvor in für uns Menschen unendlich wirkenden Zeiträumen aufgebaut worden ist. Wer kann da helfen? Wer streut gleich nach dem Brand wieder Samen und sorgt für den neuen Aufbau tiefer Wurzeln und üppiger Kronendächer?

Unter den Bäumen sind es in diesem schlimmsten Fall die ganz dicken und alten, die mit tiefen Wurzeln und rauen Borken das Feuer überstehen können. So sichern sie das Überleben und Fortkommen des Waldes. Sie sind die Ersten, die mit grünen Trieben neues Leben und neue Zuversicht bringen.

Es mag uns Menschen, die wir heute einen noch nicht da gewesenen Jugend- und Schlankheitskult betreiben, überraschen, aber manchmal können nur mehr die Dicken und Alten helfen ... Auch mit dieser Metapher zeigen uns die Bäume: Das Leben wird leichter, wenn wir weniger bewerten und uns über die Vielfalt der Natur freuen!

Doch kehren wir damit zum technischen Brandschutz durch massive, dicke Holzbauteile zurück. Nach diesem Grundsatz haben wir bereits in den 1990er-Jahren unseren damals bloß von wenigen verstandenen Traum verwirklicht. Wir haben unsere Häuser seit jener Zeit nur mehr aus dickem Holz, am besten sogar ohne Dämmstoff gebaut. Weil eben zu hundert Prozent Holz eingesetzt wird, ist der Name Holz100-Häuser entstanden. Im Brandlabor am großen Prüfstand kam die erste Belohnung für diesen Mut. Beim ersten Brandtest ging nach zwei Stunden das Öl im Tank aus und bei der Wiederholung der Prüfung wurde uns der Sicherheitswert F180, also drei Stunden Brandbeständigkeit im Vollbrand, zertifiziert. Das war eine sechsfache Verbesserung im Holzbau gegenüber den vorher bekannten Bestwerten von F30. Für unsere Unternehmensentwicklung war das, vorsichtig formuliert, ausgesprochen hilfreich. Damit durften wir die ersten Großbauten und mehrgeschossige Hotels ganz aus Holz errichten.

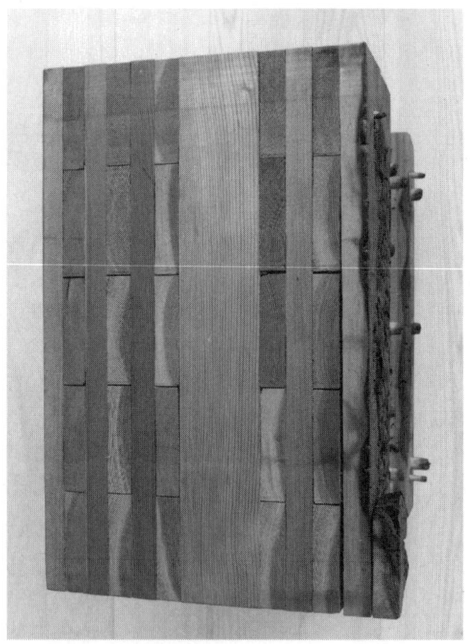

Holz wehrt jedes Feuer ab, wenn es dick und massiv verbaut wird. Holz100-Wandmuster nach drei Stunden Brandtest mit 1.000° C beflammt. Die Wand ist immer noch voll funktionsfähig. Sie beschützt Mensch und Haus.

ERDBEBENFESTIGKEIT

Die meisten Baumaterialien, wie etwa Stahl, Beton oder Ziegelstein, haben eine bestimmte, ziemlich genau berechenbare Festigkeit. Wird dieser Belastungspunkt überschritten, bricht das Material zusammen.

Holz verhält sich hier schon wieder um eine Spur genialer: Auch bei ihm kann die Belastbarkeit recht genau ermittelt werden. Wird aber hier die Belastung überschritten, so tritt vor der erwarteten Zerstörung zuerst noch eine lange Phase der Biegung ein. Erst wenn auch diese Biegung überdehnt wird, kommt es zum Bruch. Bäume im Wald müssen mit Stürmen, Lawinen und Fluten fertigwerden. Bei solchen Naturgewalten ist Nachgiebigkeit die intelligenteste Reaktion. Dieser Vorteil der Nachgiebigkeit wohnt dem Material Holz inne. Wenn dann die Verbindungstechnik anstelle einer starren Verklebung auch noch aus hölzernen Dübeln besteht, wird dieser Effekt in der fertigen Hauswand oder Decke noch einmal zum Vorteil der Erdbebenfestigkeit verstärkt.

Eine verdübelte Holz100-Wand ist zunächst ähnlich wie Beton eine steife Platte, die vom Statiker so berechnet und eingesetzt wird. Im extremen Belastungsfall und bevor ein Element bricht, entstehen aber im Inneren an allen Dübeln, zwischen allen Brettlagen eine leichte Reibung und kleine elastische Verformungen, die enorm viel Kraft eines Erdbebenstoßes weich abfedern können.

Wie ein Baum sich nach dem Windstoß wieder gerade aufrichtet, so stehen die Holz100-Häuser nach dem Erdbeben wieder unbeschadet da. Nach dem verheerenden Erdbeben im japanischen Fukushima hatten wir durch die darauf folgende Atomkatastrophe drei Wochen keinen Kontakt zu unseren rund 30 Kunden und Holz100-Bauherren in Japan. Als das Nachrichtensystem wieder funktionierte, haben wir sofort nachgefragt und überprüft, ob irgendwo ein Schaden eingetreten ist. Alle Holz100-Bauten in Japan haben die denkbar schrecklichste Katastrophe schadlos überstanden. Das, obwohl ganze Landstriche rundherum verwüstet waren. So ein unfreiwilliger Test sagt mehr als alle Laborprüfungen. Nicht umsonst wurde das System in Japan in den höchsten Erdbebensicherheitsklassen zertifiziert.

Die Bäume schützen uns Menschen vor allen Naturgewalten. Wir müssen es nur zulassen und aufhören, viel kompliziertere und in Summe schlechtere Lösungen selbst zu kreieren. Dies gilt aber besonders für die nächste, in unserer Zeit wohl wichtigste Eigenschaft des Holzes.

KLIMAANLAGE VOLLHOLZWAND

Zunächst möchte ich Sie mit einer kleinen Geschichte an das thermodynamische Wunder heranführen, das im Holz verborgen ist:

Im Hochsommer badeten wir mit unseren damals noch kleinen Kindern an einem großen, glasklaren Tümpel eines Baches. Obwohl das Wasser ziemlich frisch war, hüpften die Kleinen begeistert hinein, gemeinsam bauten wir eine Staumauer und tauchten in dem herrlichen Bad. Trotz aller Begeisterung dauerte es nicht lange, bis die Kinder vom sprudelnden Bachwasser ziemlich durchgefroren waren. Um sich zu wärmen, legte sich einer der Buben in die sanft geformte Mulde eines riesigen Granitblockes am Ufer. Das war jedoch des Guten viel zu viel. „Auweh", schrie er, „der ist ja siedend heiß. Hilfe, Papa, ich habe mich verbrannt!" Ich musste zwar keine Brandwunden verarzten, aber der dunkle, harte Stein hatte sich tatsächlich in der hochsommerlichen Mittagssonne derart erhitzt, dass es unmöglich war, darauf sitzen zu bleiben oder zu liegen. „Hei, kommt hierher, ich habe eine Wärmflasche, die ist super!" Elisabeth hatte eine Entdeckung gemacht. Am anderen Ufer lag, irgendwann von einem Hochwasser angeschwemmt, ein mächtiger Baumstamm. Bachwasser, Sand, Steine, Wind und Wetter hatten ihn längst seiner Rinde entledigt und die Stammoberfläche mit der deutlichen Maserung silbergrau blank gescheuert. Das Mädchen lag mit dem Bauch ans Holz geschmiegt auf dieser ihrer „Wärmflasche". Das Wasser, das von den zarten Armen, die den Klotz umfingen, herunterrann, die Tropfen von den Locken wurden vom Holz aufgesogen und hinterließen dort ihre dunkel gemalten Spuren. Im Nu schmiegten auch die Buben ihre Wärme suchenden Körper neben ihrer Schwester ans Holz. „Wow, echt der beste Platz, Elli!“ Sie genoss das Kompliment für ihre Entdeckung. Die Wasserläufer wagten sich wieder zurück auf die neuerlich ruhige Oberfläche des Tümpels. Das Geschrei der badenden Kinder verklang in der angenehmen Wärme des hölzernen Stammes.

Früh am nächsten Morgen – Frau und Kinder schliefen zu dieser Zeit noch – kam ich nach meinem Waldlauf wieder an den Tümpel. Wie herrlich, nach der Bewegung in das frische Wasser einzutauchen. Vom Laufen spürte ich den Puls rhythmisch im Hals schlagen, feine Schweißperlen standen auf der Stirn und ich konnte in vollen Zügen die Kühle des morgendlichen Wassers genießen. Unverzüglich tauschte der Bach die überschüssige Wärme meines Körpers gegen prickelnde Erfrischung aus. Ich verließ das Wasser, trocknete mich ab und wollte in der hereinflutenden Morgensonne rasten. Der Stein, an dem sich Florian gestern gebrannt hatte, war jetzt aber eiskalt, viel zu kalt, um sich daraufzusetzen. Wieder war es der hölzerne Baumstamm, dessen Temperatur ausgeglichen trotz der Nachtkühle immer noch warm genug war, um mir einen wohlig-angenehmen Sitzplatz zu bieten. In der Hitze immer noch verhältnismäßig kühl zu bleiben, in der Kälte aktiv zu wärmen – das zeichnet Holz aus.

Stein ist nicht besser als das Holz, Holz ist nicht besser als Stein. Sie sind nur grundverschieden. Harter, schwerer Stein lässt Kälte und Hitze rasch aus und ein. Er speichert zwar die Temperatur, doch schneller Wechsel und ständiges und unmittelbares Anpassen an äußere Extreme sind sein Wesen. Der Stein macht sofort mit, wenn es sehr heiß oder eiskalt wird. Geschmeidiges Holz hingegen tritt jeglicher Temperaturschwankung als träges Bollwerk gegenüber. Gleiche Wärmemengen, die beim Stein in wenigen Stunden hinein- und wieder hinausfließen, benötigen beim Holzklotz gleicher Größe mehrere Wochen, um einzudringen oder ihn wieder vollständig zu verlassen.

Das Wunder Holz und die Kraft der Sonne sorgen für die Zukunft unserer Kinder.

Beim Bauen eines Hauses ist ein guter Wärmedämmwert wichtig, damit Heizmaterial gespart wird. Für ein gutes Wohnklima reicht der gute U-Wert (Wärmedämmwert) allein aber noch lange nicht. Rudolf Steiner prägte den Satz: „Nur durch Masse kann ein gutes Wohnklima (und Behaglichkeit) erzeugt werden!" Die kritische Überprüfung von Steiners These aus bauphysikalischer und bautechnischer Sicht bestätigt heute deren Gültigkeit. Allenfalls könnte hinzugefügt werden: Diese Masse besteht am besten aus Holz, weil es wertvolle natürliche Eigenschaften wie Atmungsfähigkeit, Reinheit, elektrostatisch neutrales Verhalten mit technologischen Qualitäten wie Wärmespeicherung, Dämmung, statische Tragfähigkeit usw. kombiniert.

Sehen wir uns aber gleich einige technische Zahlen zu dieser Beobachtung am Tümpel an. Holz verhält sich als Wärmespeicher ganz anders als etwa ein Ziegelstein.

1 kg Ziegel speichert bei einer Temperaturveränderung von 1° C ca. 0,92 KJ (Kilojoule) Wärmeenergie.
1 kg Holz speichert bei einer Temperaturveränderung von 1° C ca. 2,1 KJ Wärmeenergie.
1 kg Holz speichert bei derselben Temperaturveränderung also mehr als doppelt so viel bei gleichem Gewicht!

Schon wieder so eine Überraschung. Selbst Techniker erzählen mir oft, dass es bei der Wärmespeicherung allein auf das Gewicht einer Konstruktion ankommt. Das ist ein Irrtum! Bäume schaffen es, in einem Kilogramm ihres Holzes rund 2,3 Mal mehr Energie zu speichern, als das Beton, Ziegel und Stein vermögen.

Beim Bauen ist das ein entscheidender Vorteil. Ich kann mit Holz leichter bauen, damit die Fundamente oder bei Aufstockungen darunterliegende Stockwerke entlastet werden und dennoch eine höhere Wärmespeicherung erreichen. Das ist messbar und Stand der Wissenschaft, obwohl es in der Praxis nur selten genutzt wird.

1 m^3 Ziegel wiegt ca. 800 kg und speichert daher bei einer Temperaturveränderung von 1° C 738 KJ.
1 m^3 Tannenholz mit 550 kg speichert bei derselben Temperaturveränderung 1.155 KJ.
Bei gleichem Volumen speichert Holz immer noch um 57 % mehr Wärme als der Ziegelstein!

Größere Wärmespeicherung bei geringerem Gewicht ist in vielen Fällen ein großes Plus. Denken wir nur an Aufstockungen und Dachausbauten alter Stadthäuser. Hier sind zusätzliche Belastungen meist sehr kritisch. Aber auch bei ganz normalen Bauten werden Fundamentkosten durch geringere Lasten gespart. Diese Zahlen erklären zuerst einmal die Energiemenge, die das Material speichert. Für die klimatisierende Wirkung als Baustoff ist es aber zusätzlich ganz wichtig, wie schnell ein Baustoff seine gespeicherte Energie abgibt beziehungsweise wie langsam er sich auflädt.

Überraschend: Ziegel und Stein speichern bei gleichem Gewicht nur halb so viel Wärme wie Holz. Sie entladen sich auch schneller. Holz hingegen ist ein einzigartiger Langzeitspeicher mit extrem langsamer Temperaturveränderung.

Jedes mineralische Material vom massiven Beton bis zum luftdurchlöcherten Ziegelstein verändert wesentlich schneller seine Temperatur als Holz. Bei gleichem Volumen, also zum Beispiel bei gleicher Wandstärke, speichert eine Holzwand mehr Kilojoule an Energie. Während aber eine Ziegelwand in wenigen Tagen vollkommen auskühlen kann, benötigt eine 36 cm dicke Holz100-Wand je nach Außenverkleidung rund zwei bis vier Wochen.

Dieser Unterschied ist entscheidend, wenn es darum geht, die Hülle eines Hauses als Langzeitpuffer zu verwenden, der Heiz- und Kühllastspitzen so vermindert, dass die ganze Heizung und Kühlung weggelassen oder zumindest auf ein winziges und einfaches System (kleiner Ofen, Infrarotstrahlungsplatte) reduziert werden können. Später werden wir aber noch sehen, dass es dennoch Fälle gibt, in denen Holz und Stein sinnvoll kombiniert werden. Auch hier ist das Miteinander von zwei Materialien besser als das Gegeneinander. In der Außenhülle jedenfalls, so viel sei schon verraten, ist Holz in jedem Fall unschlagbar.

Die dritte wichtige thermische Eigenschaft eines Baumaterials ist seine Oberflächentemperatur. Für das Wohlfühlen in einem Raum ist es ganz wichtig, dass die Innenwände nicht viel kälter als die Raumluft sind. Kalte Wände oder Glasflächen strahlen im Winter den Bewohner kalt an und man friert trotz laufender Heizung und hohen Raumlufttemperaturen.

Mit anderen Worten: Je höher die Differenz zwischen Wandoberfläche und Raumtemperatur, desto ungemütlicher wird es. Das ist auch der Grund, wieso Gebäude mit Glaswänden aus bauphysikalischer Sicht so ziemlich das Absurdeste und Ungeschickteste sind, was man machen kann. Abgesehen davon, dass so im Sommer enorme Überhitzungen erzeugt werden, benötigt man im Winter immer einige Grad mehr Raumtemperatur, um die Kaltphasen zu überstehen. Große Glaswände in einem Wohn- oder Bürohaus erzeugen den denkbar höchsten Energieverbrauch, den es gibt. Wenn also eine Großbank oder ein internationaler Konzern einen Glasturm in die Großstadt stellt, dann schwebt da zumindest die Botschaft mit: „Uns ist die Umwelt egal!“ Mit Verantwortung für die nächsten Generationen hat das jedenfalls sehr wenig zu tun.

Beim Glas kommt es immer darauf an, das gute Verhältnis zu treffen, bei dem ein Gebäude schön lichtdurchflutet wird, aber die Außenhülle zum größeren Teil eine klimaausgleichende Massivholzhülle bleibt. Im Idealfall sind zumindest zwei Drittel der Außenwand Massivholz.

Im nächsten Versuch wurden drei Häuser verglichen. Alle drei Häuser waren auf 0° C durchfroren. Der Versuch beobachtete nun die Aufheizphase nach einer angenommenen Rückkehr der Familie in das winterlich ausgekühlte Haus. Nach drei Stunden voller Heizungsleistung war die Lufttemperatur bereits auf 22° C gestiegen. Nun sahen die Wandoberflächentemperaturen folgendermaßen aus:

Ziegelstein mit verputzten Wänden	8° C
Ständerwand/Passivhaus mit Gipsplatten	15° C
Holzoberfläche	20–21° C

Erinnern wir uns, Behaglichkeit benötigt nicht nur warme Luft im Raum, sondern auch warme Wandoberflächen, die uns warm anstrahlen.

Nur im Holzhaus war es bereits nach drei Stunden behaglich. Die Erklärung liegt in der Temperaturträgheit vom Holz. Kaltes Holz erwärmt zuerst eine dünne Filmschicht an seiner Oberfläche, um dann ganz langsam über Wochen sein Inneres vollkommen aufzuladen. Der Ladevorgang des Holzes geschieht immer bei Oberflächentemperaturen, die sehr nahe an der warmen Innenraumluft liegen. Mineralische Stoffe hingegen saugen die Energie gierig und schnell in sich hinein. Dadurch bleibt ihre Oberfläche lange sehr kalt. Das Aufladeverhalten der Baustoffe ist also recht unterschiedlich. Allein Holz lädt sich mit einer heimeligen Oberflächentemperatur auf.

Diese Beobachtungen und Werte sind an sich schon beeindruckend. Behaglichkeit in einem Haus benötigt ja auch ein möglichst ausgeglichenes, schwankungsfreies Klima. Hinsichtlich Temperatur und Feuchte ist Holz der beste Puffer.

Trotzdem gibt es einen Wert, der in den letzten 20 Jahren zum unangefochtenen Superstar der Bauwirtschaft stilisiert wurde: der Wärmedämmwert, früher K-Wert, heute U-Wert genannt. Techniker sprechen vom Wärmedurchgangskoeffizienten. Schauen wir, wie eine geschickte Industrielobby aus so einem sperrigen Wort ein Milliardengeschäft mit wenig Nutzen für den Anwender machen kann.

„DIE VOLKSVERDÄMMUNG"

So titelte das deutsche Nachrichtenmagazin „Der Spiegel" in seiner Ausgabe vom Dezember 2014. Mit dem Untertitel dieser Ausgabe wurde noch einmal auf die heilige Kuh Wärmedämmung eingeschlagen: „Energiewende: Wie Mieter und Hausbesitzer um Milliarden betrogen werden".

Der Wärmedämmwert von Baumaterialien ist zum großen Geschäftsmodell für die Dämmstoffindustrie geworden. Kein gängiger Baustoff dämmt genug, um die inzwischen vorgeschriebenen U-Werte von rund 0,2 oder darunter bei gängigen Wandstärken zu erreichen. Deshalb klebt Deutschland und ebenso der Rest Mittel- und Nordeuropas auf Teufel komm raus Dämmplatten an die Wand. In Deutschland sind es bereits rund eine Milliarde Quadratmeter, davon drei Viertel Styropor. In den meisten dieser Platten steckt das giftige Brandschutzmittel Hexabromcyclododecan (HBCD).

Vögel hacken Löcher in die Platten, Nagetiere nisten in Hauswänden und Abfallexperten fragen, wohin mit diesen Mengen, wenn nach 20 oder 25 Jahren alles erneuert werden muss. Eine Studie der Bautenminister der deutschen Bundesländer hat ergeben, dass bereits eine in Brand gesetzte Mülltonne zum Vollbrand der Fassade führen und somit für die Hausbewohner eine Gefahr darstellen kann. Presseberichte von derartigen Feuern folgten tatsächlich nach. Eine Gruselgeschichte, aber noch schlimmer sind die Ausführungen des Berichtes, der unter Zitierung des Leipziger Professors Harald Simons an der Hochschule für Technik, Wirtschaft und Kultur verfasst wurde. Darin wird berichtet, dass die errechnete Energieeinsparung bei Weitem nicht eintritt. Mieter werden zitiert, die nach erfolgter Styroporverklebung ihrer Fassaden gleich hohe Kosten haben wie vorher. Hingegen ist die Miete durch die Investition in angebliche Verbesserungen der Wohnung gestiegen. Das erwähnte Brandschutzmittel HBCD kann Säuglinge über die Muttermilch schädigen; kann vermutlich die Fruchtbarkeit beeinträchtigen; ist sehr giftig für Wasserorganismen und wurde bereits bis in die Arktis verbreitet und dort gefunden. Ist so ein Weg gut für die Menschen und für die Umwelt?

Die Hersteller dieser Produkte, allesamt bekannte Chemiekonzerne, versuchen gerade abzuwiegeln und eine Verlängerung für den Einsatz von HBCD bis 2019 zu erreichen. Das klingt angesichts der Gefährlichkeit der Substanz ungeheuerlich. Wenn man im angeführten „Spiegel"-Artikel aber liest, welche deutschen Politiker in den Aufsichtsräten und Gremien der Chemiekonzerne sitzen, dann erscheint sogar diese Zulassungsverlängerung als nicht ausgeschlossen. Lobbying zahlt sich aus und geht in diesem Fall wieder einmal zu Lasten der Natur, zu Lasten aller und vor allem zu Lasten unserer Kinder.

Ein brauchbares Recyclingkonzept gibt es für dieses Material noch nicht. „Styropor lässt sich nur rein wieder verarbeiten. Bei Dämmsystemen ist das aber nicht ohne Weiteres möglich, weil das Polystyrol von Kleber und Klinker kaum zu trennen ist", zitiert „Der Spiegel" einen Experten. Schöne Grüße der Chemieindustrie an unsere Kinder!

Das Geschäftsmodell Wärmedämmung lebt von gesetzlich vorgeschriebenen Mindestwärmedämmwerten (U-Werten), die unter dem Ernst der drohenden Klimaerwärmung verordnet wurden. Diesen Milliardenmarkt hat die Großchemie sofort an sich gerissen.

Was dabei herausgekommen ist, ist aber vollkommen verrückt: Wir wollen dem Klima etwas Gutes tun und Energie sparen. Dafür verkleben wir Milliarden Quadratmeter giftiger Chemieplatten.

Die Belastungen der toxischen Inhaltsstoffe finden sich wie gesagt von der Muttermilch bis in die Arktis. Wohl auch angesichts des mächtigen Verursachers der Misere drücken sich Wissenschaftler vorsichtig aus und sagen: „Vielleicht wird sogar unsere Fruchtbarkeit zumindest reduziert."

Dann stellen wir erstaunt fest, dass völlig dicht gemachte Häuser zum Biotop für Schimmelpilze werden. Schimmel hinter der Dämmung, Schimmel im Haus, das ist kein Spaß, sondern eine Gesundheitsgefährdung, vor der jeder Mediziner warnt. Also erfinden wir wieder neue Techniken, die Lüftungssysteme, damit die soeben ausgesperrte Luft wieder in die Häuser kommt. Nun stellen wir fest, dass diese Lüftungsrohre schwer sauber zu halten und mancherorts Betrieb und Wartung teurer sind als eine kleine Heizung, die wir aber ohnehin immer noch brauchen.

Am Ende wurde für Erzeugung und Betrieb des ganzen Aufwandes zumindest ein Teil der Energie wieder verbraten, die eingespart werden sollte. Kritiker sagen sogar, am Ende werde mehr Energie verbraucht, weil der ganze technisch-chemische Aufwand so viel benötige. Verdient haben die Konzerne, deren Lobbyisten die entsprechenden Vorschriften gestaltet haben. Und die Erderwärmung ist unvermindert weitergegangen. Mit geschäumter Dämmung und super komplizierter Passivhaustechnik haben wir es gut gemeint, aber leider das Ziel total verfehlt.

Es geht aber auch ganz anders! Es gibt inzwischen die dämmstofffreien Häuser ohne Lüftung, in denen es den ganzen Winter warm ist und die Luft beste Messwerte hinsichtlich ihrer Qualität aufweist. Der reine Baustoff Holz ist dabei wieder einmal der Schlüssel zur Lösung.

DÄMMSTOFFFREI UND OHNE HEIZKOSTEN

In unserem unabhängigen Forschungszentrum in Goldegg haben wir die ganze Entwicklung dieses Dämmwahns verfolgt. Sehen wir uns zunächst einige Zahlen an:

Bei der Frage neuer Hausintelligenz geht es um die Zukunft unserer Kinder. Die Heizkosteneinsparung ist ein angenehmer Nebeneffekt.

Die technische Zahl, mit der der Dämmwert einer Wand je nach Dicke berechnet wird, ist die Materialkonstante Lambda (λ). Dieser λ-Wert von „normalem Fichten- oder Tannenholz“ liegt bei λ 0,13. Das ist bereits viel, viel besser als Beton oder Ziegelstein. Aber es ist trotzdem noch weit weg von den λ-Werten der Dämmstoffe. Würde man also mit vollem Holz oder verleimtem Brettsperrholz eine dämmstofffreie Wand bauen wollen, so wäre bei λ 0,13 eine Wandstärke von rund 60 cm erforderlich. Das ist weder finanzierbar noch aus Platzgründen sinnvoll. Die meisten Bauplätze sind heute viel zu teuer, als dass man durch so dicke Wände wertvollen Wohnraum verlieren sollte. Nicht zuletzt durch die Leimfreiheit und daraus entstehenden, eingelagerten Luftschichten zwischen den verdübelten Brettlagen ist es in unserem Forschungszentrum gelungen, diesen λ-Wert einer Vollholzwand von 0,13 auf 0,077 zu verbessern. Das stellt den Weltrekord bei Wärmedämmung unter allen gängigen und statisch tragenden Baumaterialien dar, geprüft und zertifiziert von international akkreditierten Prüfanstalten und technischen Universitäten. Abgesehen vom schönen Wort Weltrekord ist das einer der ganz großen Schätze, die wir aus unserem Holz heben konnten. Plötzlich kann mit diesem neuen λ-Wert von 0,077 ein gewünschter U-Wert von ca. 0,2 mit einer Wandstärke von nur 30–36 cm hergestellt werden. Das ist dünner als die meisten hoch gedämmten Passivhauskonstruktionen. Das spart Platz, der speziell in Städten sehr teuer ist.

Die Zertifizierung von 0,077 unserer Holz100-Wand löste eine kleine Feier im Forschungszentrum in Goldegg aus. Die Techniker jubelten. Wir wussten ja zudem ganz genau, dass ein U-Wert, der aus vollem Holz hergestellt wird, wesentlich weniger Energie verbraucht als derselbe U-Wert, der ohne Masse (= Energiespeicherung) und ohne Holz (= Temperaturträgheit) hergestellt wird.

VOLLHOLZDÄMMUNG SPART VIEL MEHR ENERGIE

Das klingt zunächst unglaubwürdig. Wie soll Holz bei gleichem Dämmwert (U-Wert) deutlich mehr Energie einsparen als ein Ständerbau mit Mineralwolle oder ein Ziegelsteinbau mit Wärmedämmverbundsystem? Kann Holz, kann unser Wald den Ausweg aus dem Dämmwahn bringen?

Bereits Ende der 1990er-Jahre initiierten wir an der Technischen Universität Graz eine Reihe von thermodynamischen Versuchen und Simulationen, die auch für uns unglaubliche Ergebnisse und Holzqualitäten offenbarten.

Als damals die Ära der superdichten und hoch gedämmten Passivhäuser begann, versuchten sich natürlich alle wichtigen Materialhersteller zu positionieren. Bauherren standen und stehen immer noch vor der Wahl: Baue ich mein Haus aus Ziegelstein mit dicker Dämmstoffhülle oder nehme ich ein Ständersystem der Fertighausindustrie mit dicken Dämmstoffkernen zwischen Plattenwerkstoffen? In diese zweite Variante sind auch noch 8–12 cm dicke, verleimte Brettsperrholzvarianten mit dicker, außen liegender Dämmstoffschicht einzuordnen. All diese Varianten bezeichnen wir als Leichtbauten. Oder beschreite ich den dritten Weg und wähle eine Massivholzwand, bei der zumindest wesentliche Teile der Wärmedämmung durch eine massive, volle Holzwand erledigt werden? Von so einer Massivholzbauweise kann ab Außenwandstärken von 17–18 cm gesprochen werden.

Die idealste Form des Massivholzbaues sind natürlich Vollholzwände ab 30–36 cm Wandstärke. Hier wird nun die schon geschilderte Lambdawertverbesserung von 0,13 auf 0,077 entscheidend.

Mit dem „Weltrekordwert“ 0,077 ist es bereits möglich, in diesen am Bau gängigen Stärken Passivhäuser (in der Schweiz „Minergiehäuser“ genannt) gänzlich ohne Dämmstoff herzustellen. Die Vorteile liegen auf der Hand.

Aber zurück zu unseren Grazer Versuchen und thermodynamischen Simulationen, die wir Ende der 1990er-Jahre starteten. Von allen drei Varianten wurde je eine Wand genau unter denselben Bedingungen betrachtet. Wir wollten wissen, ob der U-Wert, also der rechnerische Wärmedämmwert, wirklich ganz allein genügt, um den Heizenergieverbrauch eines Hauses zu berechnen. Und wir wollten wissen, ob Behaglichkeit und Lebensqualität tatsächlich nur über Wände mit möglichst viel Dämmung erreicht werden können.

Folglich wurde im Labor eine Wintersituation simuliert. Im Innenraum hatte es behagliche 21° C und auch die verschiedenen Wände waren durchwärmt auf 21° C.

In diesem Zustand wurde die Außentemperatur auf -10° C gesenkt und innen die Heizung ausgeschaltet. Wir simulierten also die Situation, in der eine Familie am kalten Wintertag das Haus verschließt, die Heizung abschaltet, Rollläden herunterlässt und wegfährt. Nun wollten wir wissenschaftlich untersuchen, wie sich die drei verschiedenen Wände verhalten. Immerhin war die Ziegelwand mit einer 10 cm dicken Styropordämmung und Außenputz versehen, der Leichtbau verfügte über eine dicke Mineralwolldämmung und Holz100 wurde damals noch mit einer pflanzlichen Flachsdämmung versehen. In Summe hatten die drei Wände ähnliche Dämmwerte um 0,15. Man könnte daher annehmen, der Wärmeverlust und die Auskühlung würden in einer ähnlichen Größe liegen.

Das tatsächlich gemessene – und jederzeit wiederholbare – Ergebnis war damals selbst für die erfahrenen Techniker an der Universität mehr als überraschend: Wir warteten einfach, wie lange es dauert, bis der Gefrierpunkt von außen in die Wand hineinkriecht und an der Innenoberfläche ankommt. Dieses Ankommen des Frostes in der Wohnung wäre ja zumindest in der Weise fatal, dass ab diesem Zeitpunkt der Wasserhahn abgefroren ist und Schäden entstehen.

Die Ergebnisse:

Der Leichtbau fror bereits am zweiten Tag innen ab. Der Ziegel konnte den Frost immerhin gut zehn Tage von seiner Innenoberfläche fernhalten. Das unglaubliche Ergebnis lieferte aber

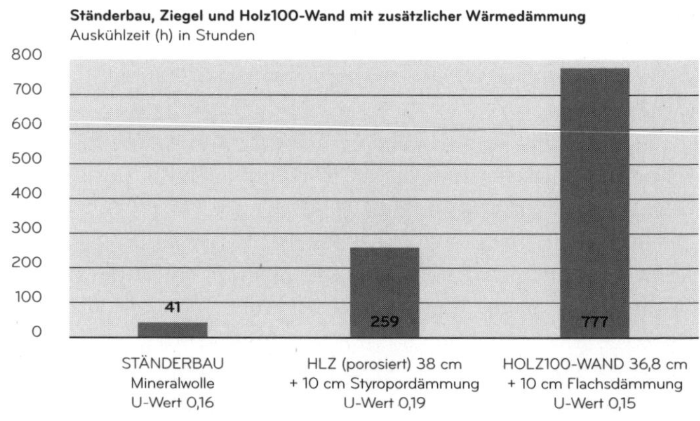

Außentemperatur -10° C; Innentemperatur 21° C; Heizung wird abgeschaltet. Es wurde die Zeit ermittelt, bis die Wandoberfläche im Raum 0° C erreicht.

die 36 cm dicke Holzwand. Erst nach gut 32 Tagen kam hier der Null-Grad-Punkt in das Haus hinein.

Eindrucksvoll belegte dieser Versuch, dass die beiden Faktoren Wärmespeicherung und Temperaturträgheit mindestens gleichberechtigt mit dem Wärmedurchgangskoeffizienten (U-Wert) sind, wenn der Energieverbrauch und die Behaglichkeit eines Hauses errechnet werden sollen.

Weniger technisch ausgedrückt: Die thermische Intelligenz, die die Natur mit dem Material Holz geschaffen hat, kann durch menschlich hergestellte Dämmstoffe nicht einmal annähernd erreicht werden. Ein Haus, bei dem Wärme- und Hitzeschutz überwiegend mit leichtem Dämmstoff hergestellt wird, benötigt daher immer sehr komplizierte Kühlungs-, Heizungs- und Lüftungssysteme. Diese Systeme kosten nicht nur viel, sie verschlingen bei ihrer Herstellung Energie und Rohstoffe. Bei ihrem Betrieb machen sie Hausbesitzer und Mieter abhängig und verursachen immerwährend erhebliche Kosten. Eine Energiewende am Bau kann daher erst dann gelingen, wenn Häuser praktisch dämmstoff- und haustechnikfrei den gewünschten Passivhaus- oder Minergiestandard erreichen.

Unsere Ergebnisse an der TU Graz ließen an Eindeutigkeit nichts offen. Besser konnte auch der Satz „Wohnqualität kann nur durch Masse erzeugt werden“ nicht bestätigt werden. Auch nach diesen Resultaten müsste man wieder ergänzen: „Energieunabhängige Wohnqualität erhält man durch Holzmasse.“

Nach den wissenschaftlichen Fakten der geschilderten Forschungen standen und stehen ganz neue Möglichkeiten für den Baustoff Holz außer Zweifel:

1.) Durch die λ-Verbesserung von 0,13 auf 0,077 werden erstmals dämmstofffreie Häuser denkbar.
2.) Sobald Dämmstoffe, Klebeverbindungen und Dampfsperren wegfallen, können zu 100 % kondensat- und schimmelfreie Häuser gebaut werden. Derartige Garantien sind von herkömmlichen Systemen nicht oder nur für einige kurze Jahre zu bekommen.

3.) Zusätzlich zum besseren Dämmwert liefert eine Vollholzhülle wesentliche Heizenergieeinsparung durch ihr besseres Speichervermögen, durch die höhere Temperaturträgheit sowie die höheren Oberflächentemperaturen.

Es ist auch klar geworden, dass diese Vorteile erst beginnend bei Vollholzwandstärken von 17 cm (dabei noch mit Holzfaser als Dämmstoff), idealerweise aber erst mit Außenwandstärken von 30–36 cm voll genutzt werden können.

Nach so vielen Zahlen, Tabellen und Fakten können wir uns jetzt der Umsetzung in der Praxis zuwenden. Was bringt all dieses Wissen konkret dem ganz gewöhnlichen Bauherrn? Ist der Weg zur Energieunabhängigkeit wirklich für jeden machbar? Ab jetzt verlassen wir jede Theorie und beleuchten die interessantesten Beispiele, ihre Tricks und Strategien.

Mein Dank richtet sich an alle Baufamilien, die bereit waren, ihre persönlichen Erfahrungen zur Verfügung zu stellen. Und nicht zuletzt an meine Tochter Elisabeth, die recherchiert, telefoniert und organisiert hat. Und auch alle Zeichnungen und Skizzen stammen aus ihrer Feder.

Freuen wir uns auf die Erfahrungen dieser engagierten Menschen und auf ihre Projekte.

VOM SPECHT IM WALD ZUM ENERGIEAUTARKEN HAUS

So alt wie die Menschheit selbst ist unser Streben nach einem geborgenen, warmen Ort zum Überwintern, nach Schutz vor Sonnenglut, Sturm und Regen.

Wir bewundern deshalb intelligente Lösungen, die diesen Nutzen auf einfachem Weg ermöglichen. Der Specht im Baum etwa ist so ein schlauer Bursche. Mit nur einem dünnen Federkleid schafft er es, in den kältesten Regionen der Erde wohlauf zu überwintern. Er hat herausgefunden, dass man sich nur mit vollem, trockenem Holz umgeben muss. In seiner hölzernen Baumhöhle ist er gegen den lebensbedrohenden Energieverlust perfekt geschützt. Er schmiegt sich ins Holz und hat es an den unwirtlichsten, kältesten Orten immer fein in seinem Heim.

Es mag wohl komisch klingen, aber wir Menschen können genau dasselbe tun. Vergessen wir einmal alle viel zu komplizierten Techniklösungen der vergangenen Passivhäuser. Begleiten wir nun Menschen, die mit ihren Bauprojekten diesen Traum verfolgt haben, vom Haus, das sich ohne fossile Energiezufuhr von außen selbst heizt und kühlt – gewissermaßen den Traum vom klimatechnischen Perpetuum mobile.

Ich habe versucht, die Beispiele unserer Heizungstypen so zu reihen, wie auch wir uns diesen Traum in Schritten erfüllen konnten. Am Anfang standen die Sonnenhäuser, gebaut von der Firma Buchner im bayerischen Wildsteig. Doch dabei sollte es nicht bleiben ...

Bevor wir all unsere Pioniere begleiten, anhand der gemessenen Ist-Zahlen von ihren Erfahrungen und Ergebnissen lernen,

Der Specht ist ein schlaues Tier. In den allerkältesten Regionen überwintert er von warmem Holz umgeben. Er kennt das Wunder Holz.

habe ich noch einen kurzen Überblick zu den möglichen Wärmequellen zusammengestellt.

KLEINES HEIZ-EINMALEINS

Grundsätzlich gilt es, zur Unterscheidung verschiedener Heizsysteme die Quelle der Energie festzulegen. Wenn wir den Ressourcenverbrauch betrachten, also die Energie, die wir aus Geo-, Hydro- und Atmosphäre entnehmen, um zu heizen, lässt sich hier im Wesentlichen zwischen nicht erneuerbarer (Kohle, Gas, Öl – Erneuerungszyklus > 1000 Jahre) und erneuerbarer Energie (Sonne,

Wind, Wasser, Biomasse – Primärenergie) unterscheiden. Heizungen, die mit einer Brennkammer (Kessel) arbeiten, verbrennen die Energieträger, um das benötigte Warmwasser zu produzieren. Es können Festbrennstoffe (Kohle, Pellets, Torf, Stückholz), Flüssigbrennstoffe und gasförmige Brennstoffe (Erdgas, Flüssiggas, Biogas) zur Anwendung kommen.

Man kann außerdem mit der Kraft der Sonne über Solaranlagen oder mit einer Wärmepumpe heizen. Eine Wärmepumpe entzieht der Umwelt (Luft, Grundwasser, Erdreich) Wärme und hebt diese auf ein verwertbares, höheres Temperaturniveau an. Für den Betrieb einer Wärmepumpe wird Strom gebraucht, der über eine Photovoltaikanlage gewonnen werden kann. Diese wandelt Sonnenenergie in Strom um, welcher direkt verwendet werden kann. Sollte eine Photovoltaikanlage Überschuss produzieren, kann man diesen speichern oder ins öffentliche Netz einspeisen.

Über das öffentliche Netz lässt sich auch Strom beziehen, um zu heizen. Bei Stromheizungen stehen niedrige Installationskosten eventuell sehr hohen Betriebskosten gegenüber. Weil nicht aller Strom aus erneuerbaren Energiequellen stammt (Ökostrom), gelten Stromheizungen eher als klimaschädliches Auslaufmodell.

Infrarotheizungen können eine sinnvolle Ergänzung zu anderen Heizkonzepten darstellen, weil diese mit Strahlungswärme arbeiten und darum auch weniger Energie benötigen als Stromheizungen, welche die Luft erhitzen (konvektive Wärme). Insbesondere bei ganz geringen Heizlasten kann dieser Weg interessant werden.

Das Netz liefert auch Fernwärme, wo anstatt Strom die thermische Energie in isolierten Rohrleitungen transportiert wird. Geringe Investitionskosten und ein genau auf den Bedarf abgestimmter Bezug von Energie sind zwei Vorteile bei der Versorgung von Heizung und Warmwasser mit Fernwärme.

Damit kommen wir aber endlich zu den Bauherren, die einen Traum gemeinsam hatten: Sie alle wollten nicht auf nicht erneuerbare Energie angewiesen sein. Und sie wollten auch nicht von allzu komplizierter Technik abhängig werden.

HOLZ100-SONNENHÄUSER

Eine Solaranlage liefert aufs Jahr gerechnet bis zu zwei Drittel der Heizwärme Ihres Eigenheims. Das restliche Drittel heizen Sie dazu. Das Sonnenhaus ist die Alternative zu Häusern, die mit fossilen Brennstoffen beheizt werden. Das Sonnenhaus-Prinzip beruht maßgeblich auf drei Bausteinen: einer thermischen Solaranlage, einem Warmwasser-Schichtenspeicher und einer Zusatzheizung. Sonnenhäuser sind die einfachste Form in Richtung Energieunabhängigkeit. Architektur, Benutzerverhalten und auch Heizgewohnheiten bleiben sehr nahe an unseren bisherigen Gewohnheiten. Trotzdem gelingt es, ein geräumiges Haus mit 2–4 Raummeter (rm) Brennholz durch das ganze Jahr zu heizen.

Ein Sonnenhaus-Bauherr, ein praktischer Arzt, sagte zu mir: „Das ist so wenig Holz, das wir leicht zusammensammeln, wenn

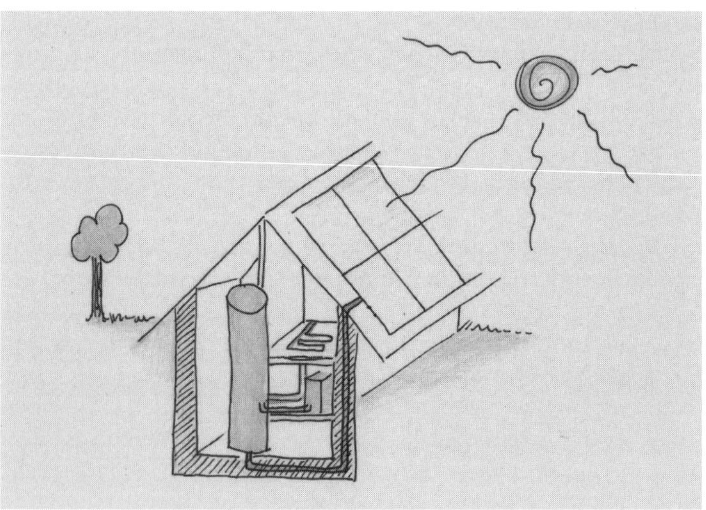

wir bei jedem Waldspaziergang einen kräftigen Stock mitnehmen. Meinen Kindern macht das große Freude und wir sind unabhängig in unserer Energieversorgung!“

LEBEN IM HOLZ100-SONNENHAUS

Eine kleine Rechnerei:

Die Heizungsanlage in diesem Wohnhaus besteht aus 20 m² thermischen Solarzellen, einem Kachelofeneinsatz mit Wassertasche und einem 4.000-Liter-Pufferspeicher.

Nach Rücksprache mit unseren Bauherren betrug der Brennholzverbrauch im Jahr 2013 ca. 3 rm Brennholz für Heizung und Warmwasser. Die Nutzfläche dieses Hauses ergibt 169 m².

Der errechnete Heizwärmebedarf beträgt laut Wärmeschutznachweis (Energieausweis in Österreich) 41,65 kWh/m²/Jahr, der Warmwasserwärmebedarf hingegen 12,5 kWh/m²/Jahr.

Die Weisheit der Ameisen ist heute für alle Bauherren nutzbar. Reine Holzhülle und minimale Haustechnik stehen anstelle belastender Dämm- und Heiztechnologien. Sonnenhaus mit Holz100-Hülle, geplant und gebaut durch die Firma Buchner, Wildsteig.

Leben mitten im Massivholz ist gesund und schön. Es erspart obendrein rund 50 % der benötigten Heizenergie gegenüber konventionellen Bauten. Holz100-Haus, geplant und errichtet durch Fa. Buchner, Wildsteig.

Das Heizgeheimnis liegt in der Kombination von Vollholzhülle und Nutzung der Sonnenenergie – geplant und errichtet durch Abensberger Holz100-Haus.

Modernes Ambiente verbindet sich mit dem archaischen Feuer in der Mitte.

Der jährliche Wärmebedarf, welcher von der Heizanlage bereitgestellt werden muss, wird hier berechnet. Der Warmwasserwärmebedarf wird nur zu 50 % berücksichtigt, da im Sommer dies die Solaranlage übernimmt.

(41,65 kWh/m²/Jahr x 169 m²) + (12,5 kWh/m²/Jahr x 169 m²) x 50 % = 8.095,1 kWh/Jahr

Nun können wir noch mittels des Heizwertes von Brennholz die tatsächliche Wärmemenge berechnen, welche in einem Jahr zum Heizen benötigt wurde:

3 rm Brennholz x ca. 320 kg/rm = 960 kg Brennholz Fichte
960 kg x Heizwert 4,3 kWh/kg = 4.128 kWh/Jahr

Wenn man nun den berechneten Wärmebedarf und die tatsächliche Wärmemenge vergleicht:

8.095,1 kWh/Jahr --- 4.128 kWh/Jahr
49 % Differenz (!)

Ergebnis: ca. 50 % Energieeinsparung durch die natürlichen Eigenschaften der Massivholzhülle. Der Vorteil für die Bauherren: Im Holz100-Haus kommen Sie mit einer deutlich kleineren Heizung, mit weniger Technik und geringeren Investitionskosten aus.

DIE ENERGIEBÜNDEL

HOLZ100-PLUSENERGIEHÄUSER

Plusenergiegebäude erzeugen im Bilanzierungszeitraum (ein Jahr) prinzipiell mehr Energie, als sie benötigen. Im Gegensatz zum energieautarken Konzept muss die Energieversorgung des Gebäudes nicht zu jedem Zeitpunkt sichergestellt sein. Spitzen, die durch die eigene Photovoltaikanlage nicht bereitgestellt werden können, werden aus dem Stromnetz entnommen und später, wenn die Sonne scheint, wieder zurückgegeben.

Die gesündeste Variante eines Plusenergiehauses ist zweifellos jene aus reinem Holz.

Haustyp: Individuell geplantes Holzhaus aus 30,6 cm dicken Holz100-Wänden + 8 cm Holzweichfaserplatten + 2 cm Lärchenschalung
Wohnfläche: Ein Doppelhaus mit jeweils 150 m² Wohnfläche
Heizung: Sonne, 5,83-kWp-Photovoltaikanlage, Infrarot-Paneele und für die Gemütlichkeit einen Kaminofen
Endenergieverbrauch: 26kWh/m²/Jahr
Temperatur im Haus: Küche, Essen und Wohnzimmer 22–24° C (wir mögen es warm), Bad 23–24° C, Schlafzimmer 18–20° C
Einfachheit der Handhabung – Kommentar des Bauherrn: „Generell ist alles sehr einfach für jeden zu bedienen, bei Bedarf können wir Jalousien, Türen, Heizung, Verbrauch, Lichter inklusive Stimmungen über das Handy steuern (spielen)."
Architektur: Gesamtplanung und Realisierung lagen bei FPlan Holzbau – Feuerstein (Mathias Feuerstein, www.holzbau-feuerstein.com).

Ein Haus, das mehr Energie erzeugt, als es selbst verbraucht.
Was normalerweise mit sehr komplizierter Technik teuer erkauft werden muss, gelingt durch die massive Holz100-Hülle einfach und umweltfreundlich.

Bauherr:

Alle Gebäude sollten mit Naturprodukten hergestellt werden. Das Wichtigste ist immer die Hülle. Dazu gehören die mondgeschlagenen und leimfreien Thermo-Vollholzaußenwände, Dach, Fenster und die Beschattung. Alle Übergänge und Anschlussdetails sind genauestens zu überlegen, sodass es keine Wärme-Kälte-Brücken gibt. Dann gilt eine gewissenhafte und saubere Umsetzung mit allen Gewerken.

Die Sonne liefert Energie, welche durch die Fenster in das Haus gelangt und somit die Räume beheizt. Im Winter spendet die massive Wand Wärme und im Sommer kühlt diese dank dem temperaturausgleichenden Holz100-System. Das Raumklima stimmt auf natürliche Weise, Sommer wie Winter. Zusätzlich liefert die Photovoltaikanlage Energie für den Strombedarf. Es werden sämtliche Geräte, Lichter, sogar die Infrarotheizung mit der PV-Anlage betrieben. Im Winter heizen wir ca. 0,3–0,9 rm Brennholz für die Gemütlichkeit dazu. Eine mit Strom betriebene Umluft-Wärmepumpe erzeugt unser gesamtes Warmwasser. Der überschüssige Strom von der PV-Anlage wird in das Ökostromnetz eingespeist. Bei jeder Abrechnung bekommen wir vom Netzanbieter ca. 150 Euro retour. Jährlich sind lediglich Grundsteuer, Restmüll und Abwassergebühr zu zahlen.

Die glückliche Familie Feuerstein

DIE ARCHAISCHEN

HOLZ100 KOMBINIERT MIT DEM HOLZOFEN UND EINER SOLARANLAGE

Noch vor wenigen Jahren strebten Hausbesitzer weg von Ofen und Kamin hin zu modernen Zentralheizungen. Heute ist das erlebbare Feuer in den eigenen vier Wänden wieder topaktuell. Kachel- und Kaminöfen erzeugen mit ihrer Strahlungswärme eine wohlige Gemütlichkeit und ein angenehmes Raumklima. Das Angreifen des Holzes wird für viele Menschen zum lieb gewonnenen Spüren der Quelle ihrer Wärme.

Damit der eine Ofen im Haus als Heizung genügt, ist die Ergänzung mit einer thermischen Solaranlage zur Warmwasseraufbereitung sinnvoll. Für die Auswahl des Ofens gibt es ein breites Angebot vom regionalen Ofensetzer bis zum technisch ausgereiften Holzofen aus industrieller Fertigung.

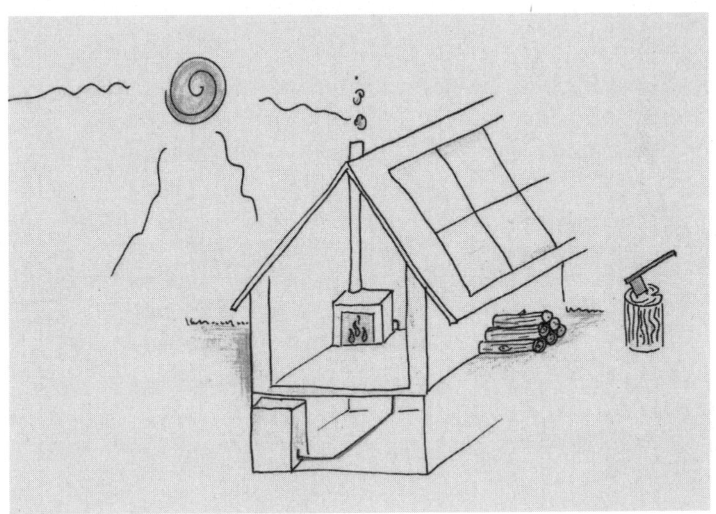

Haustyp: Individuelles Holzhaus aus 30,5 cm dicken Holz100-Wänden + 2,1 cm Holzweichfaserplatten + 1,9 cm Lärchenschalung
Heizung: Kachelofen mit Zusatzherd. Der Zusatzherd wird mit Holz befeuert und wird auch zum Kochen verwendet.
Wohnfläche: 110 m²
Temperatur im Haus: Wohnzimmer und Küche 22° C (O-Ton des Bauherrn: „Meine Frau mag es warm“), Bad 23–25° C, Schlafzimmer 16–17° C, Vorhaus, WC, Technikraum 17–19° C, Obergeschoss: 21–23° C
Einfachheit der Handhabung – Kommentar des Bauherrn: „Sehr einfach, der Kachelofen hat eine Absperrautomatik, das Einheizen macht Spaß – der Holzstoß steht vor der Türe.“
Architektur: Raumaufteilung und Planung haben die Bauherren selbst gemacht.

Bauherr:

Mein grundsätzlicher Gedanke zum Heizsystem – je einfacher, desto besser und desto störungsfreier. Eine Wärmequelle heizt das ganze Haus. Für uns kam nur ein zentral gelegener Kachelofen infrage, das Warmwasser wird momentan mit einem Elektroboiler erzeugt. Eine Solaranlage können wir hier nachrüsten. Mit dem Elektroboiler konnten wir in der Zeit des Bauens vorerst die zusätzlichen Investitionskosten für die Solaranlage sparen. Wir brauchen ca. 7 rm Holz im Jahr. Den Kachelofen heizen wir mit ca. 4–5 rm Buchenholz. Den kleinen Herd heizen wir meist in der Übergangszeit mit 2–3 rm Fichte.

Peter Schagerl

Anmerkung: Sobald die geplante thermische Solaranlage vor allem zur Warmwasserbereitung im Sommer und zur Heizung in der Übergangszeit montiert ist, kann mit einer Halbierung des Brennholzverbrauchs gerechnet werden.

Die Architektur dieser Häuser wird von modern bis rustikal ganz nach den Wünschen der Bauherrschaft ausgeführt. Ein Holz100-Haus mit zentralem Heizungsofen, geplant und errichtet durch Fa. Buchner, Wildsteig.

Gerade im kalten Norwegen kann Holz besonders gut zeigen, welch große Vorteile es bietet.

Selbst in den kältesten Regionen des hohen Nordens kann mit nur einem Holzofen das Auslangen gefunden werden. Die 30 cm dicken Außenwände aus verdübeltem Holz und ein relativ offener Grundriss rund um den Ofen, damit sich die Wärme schön ausbreiten kann, machen das möglich.
In Summe eine höchst ökologische Lösung, die jede Menge an Investitionskosten für komplizierte Haustechnik erspart.

Mitten im norwegischen Wald bei einem einsamen Bauernhof hat der Bauherr im Erdboden zahlreiche Kanalrohre eingegraben – das waren seine Fundamente, auf denen er 21 cm dicke Holz100-Platten als Boden des Hauses legte. Darauf entstand in wenigen Tagen das Wohnhaus der Familie Knackstedt. In Norwegen sind Winter mit -30° C etwas ganz Normales. Wenn es richtig kalt wird, können es auch -40° C sein. Trotzdem bauten die Knackstedts keine Zentralheizung ein. Das ganze Haus verfügt nur über einen einzigen, gar nicht großen, gusseisernen, dänischen Kaminofen. Lediglich beim Hauseingang gibt es noch eine wenige Quadratmeter große, elektrische Schuhtrocknungsfläche. Die Warnung seiner norwegischen Freunde ignorierte er: „Ohne Zentralheizung werdet ihr in dem großen Haus im ersten Winter erfrieren.“ Unbegründet erschienen diese Warnungen nicht. Immerhin verfügt das Haus über knapp 200 m² Wohnfläche. „Wir leben hier wie mitten im Baumstamm. Rundherum ist volles Holz. Im Inneren eines Baumes friert es nicht.“ So die Überzeugung des Bauherrn. Bei dieser Größe ist in allen Häusern der Umgebung eine leistungsfähige Heizanlage ein Muss.

Unbekümmert setzte sich der Bauherr trotzdem über alle Ängste hinweg – und behielt recht. Die massive Holzhülle des Hauses hält tatsächlich auch an den allerkältesten Tagen ihre Bewohner wohlig warm – mit der einzigen Heizquelle, dem kleinen, gusseisernen Kaminofen. Auf dieses erste Pionier-Holz100-Haus in Norwegen folgten Hotels, weitere Wohnhäuser, abhörsichere Gebäude für die Armee, Kindergärten, die Sommerresidenz der norwegischen Königsfamilie und viele mehr.

DIE TIEFGRÜNDIGEN

HOLZ100 KOMBINIERT MIT WÄRME AUS DEM ERDREICH IN KOMBINATION MIT PHOTOVOLTAIK

Erdwärmepumpen entziehen dem Erdreich Wärme und leiten sie ins Innere des Hauses. Kompressoren bringen die gewonnene Wärme auf Vorlauftemperaturen bis zu 65° C, damit sie anschließend zur Warmwasserbereitung oder zum Heizen verwendet werden kann. Dabei muss für eine Erdwärmesonde ein tiefes Loch gebohrt werden, wohingegen Erdwärmekollektoren flächig in ein bis zwei Metern Tiefe im Erdreich verlegt werden. Ersteres ist teuer, für Letzteres braucht es viel Grundstücksfläche. Die Investitionskosten sind höher als bei anderen Heizsystemen. Machen Sie immer eine Gesamtkostenrechnung. Der Komfort einer vollautomatischen Heizung steht auf der Habenseite.

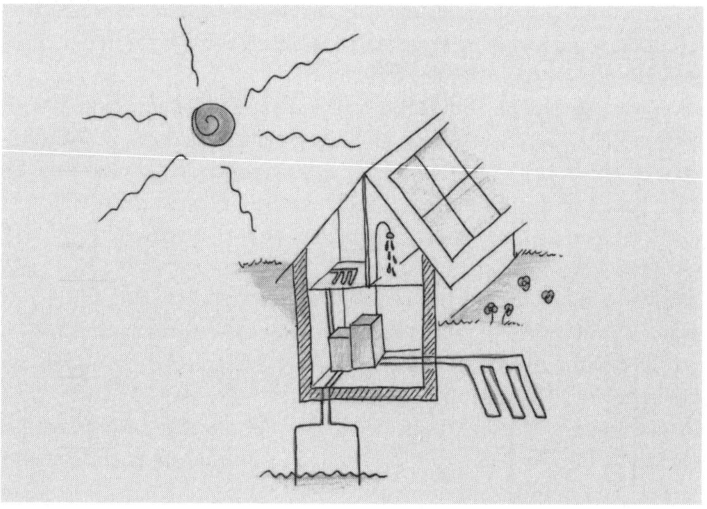

Wasserwärmepumpen arbeiten das ganze Jahr über mit höchsten Leistungszahlen, da das Grundwasser ganzjährig eine konstante Temperatur hat. Da nur zwei Brunnen benötigt werden, reichen auch kleine Grundstücke. Zu beachten ist, dass der Abstand zwischen Entnahme und Rückgabe mindestens 15 m betragen muss. Auf jeden Fall ist eine Genehmigung der Wasserrechtsbehörde erforderlich.

Ein Ärzteehepaar baut sich in Wien ein schönes, modernes Wohnhaus. „Wir müssen beide früh aus dem Haus und kommen oft erst spätabends heim. Da muss es im Winter wohlig warm sein, ohne dass wir zuerst anfeuern und Holz tragen!"

Diese Voraussetzungen der Bauherren erfordern ein ganz anderes, vollautomatisches Heizungskonzept. Die Lösung dafür kommt durch die Sonnenenergie vom Dach und einer kombinierten Wärmepumpe.

Ein Haus kann seine Vollholzkonstruktion auch hinter weißem Putz verbergen. Trotzdem genießen die Bewohner innen das Holzklima und die unabhängige Heizung – errichtet durch Abensberger Holz100-Haus, Entwurf Saller und Schöffmann Architekten.

Bauherr:

Am 9. April 2014 schrieb Ernst Steiner an Florian Thoma:

Lieber Florian,
ich habe Dir auf Deine Bitte hin versprochen, wenn ich konkret über die Jahres-Energie-Bilanz unseres Thoma-Hauses Bescheid weiß, berichte ich Dir darüber:
Mit unserer Photovoltaik versorgen wir den Strombedarf des ganzen Hauses, also Licht und Küche, Heizung mit Wärmepumpe (Tiefenbohrung!) und auch die Sauna.
Was mehr erzeugt wurde, wird ins Netz eingeleitet:
Das waren 5.389 kWh, wir erhielten 410 Euro. Im Winter bezogen wir aus dem Netz 5.086 kWh, d. i. bezogene Energie um 395 Euro + Netzkosten + Steuern.
Durch Netzkosten und Steuern verdoppelt sich der Bezugspreis auf 999 Euro inklusive Mehrwertsteuer.
(Im Gesamten bezogen wir von der Photovoltaik seit der Inbetriebnahme, das war im August 2011, 9.650 kWh.)
Praktisch haben wir für das zweigeschossige Haus zu je 90 m² plus (kaum beheizten) Keller für das vergangene Jahr ca. 600 Euro an Stromkosten bezahlt.
Dabei würden da noch Feinabstimmungen bezüglich Heizung während des vergangenen Jahres und momentaner Abstimmungen an der Wärmepumpe die Situation noch optimieren.
Meine Tochter und ihr Mann genießen und schwärmen weiterhin vom Haus!

Herzliche Grüße aus Wien,
E. Steiner

Das Haus Steiner in Wien

DIE LUFTIGEN

HOLZ100 KOMBINIERT MIT DER LUFTWÄRMEPUMPE UND PHOTOVOLTAIK

Die Nutzung von Umgebungsluft als Wärmequelle ist besonders unkompliziert, da keine Erdarbeiten und Brunnenbohrungen erforderlich sind. Auch eine behördliche Genehmigung muss nicht eingeholt werden. Luftwärmepumpen können der Umgebungsluft auch bei Außentemperaturen von -20° C noch Energie entziehen. Bei sehr kalter Lufttemperatur sinkt die Leistungsfähigkeit der Pumpe aber stark. Darum und auch um die Anlage kleiner dimensionieren zu können, bietet sich für die ganz kalten Tage im Jahr eine ergänzende Wärmequelle an, zum Beispiel ein Kachelofen.

DIE LUFTWÄRMEPUMPE BENÖTIGT WENIG PLATZ

Da Luft ein frei verfügbares Medium ist, können Luftwärmepumpen unabhängig vom Standort sowohl im Innen- als auch im Außenbereich installiert werden. Aufgrund der simplen Installation ist die Luftwärmepumpe die preiswerteste Variante unter den Wärmepumpen. Der Platzbedarf ist gering: Die Technik nimmt weniger als einen Kubikmeter Raum in Anspruch und kann bei geringem Raumangebot auch im Freien aufgestellt werden.

Luftwärmepumpen bieten sich vor allem in wärmeren Klimazonen an. Etwa dort, wo Wein wächst und im Winter die Temperaturen nicht allzu tief sinken, liegen die Wirkungsgrade und der Stromverbrauch in einem zufriedenstellenden Bereich.

In kalten Gebirgsregionen oder im hohen Norden rate ich davon ab. Bei Temperaturen unter -5° C beginnt so eine Anlage relativ viel Strom abzunehmen.

EIN NEST IM OBSTGARTEN

Haustyp: Individuelles Holzhaus aus 30 cm dicken Holz100-Wänden, Wände, Böden und Decken aus Holz100, Fassade aus Faserzementplatten
Heizung: Luftwärmepumpe, Pufferspeicher, Fußbodenheizung, Heizkamin
Wohnfläche: 107 m²
Baujahr: 2011
Architekt: Michael Danke, Mechernich

Seinen Ruhestand hat er verschoben – auf unbestimmte Zeit. Architekt Michael Danke wollte eigentlich mit Ende 60 beruflich aussteigen, doch dann hörte er einen inspirierenden Vortrag des Autors und seitdem baut er wieder – allerdings nicht mehr mit Steinen, sondern mit Holz100. Michael Danke war regelrecht elektrisiert und errichtete zuerst das Holzhaus für sich und seine Frau.

Puristisch und schön. Der Holzkubus als Wohnhaus der Familie Danke.

So modern kann ein Badezimmer im reinen Holzbau aussehen.

Passivhausniveau beim Heizen trotz geringst möglicher Technikinvestition:
Die thermisch wirksame Vollholzhülle wird hier besonders schön sichtbar.

Ein glücklicher Architekt vor seinem preisgekrönten Haus.

Nach zwei Wintern, die selbst für die Eifelbewohner extrem kalt und lang waren, kommen Dankes auf einen Stromverbrauch von 17,5 kWh/m^2 im Jahr – das ist Passivhausniveau und ergibt umgerechnet 35 Euro im Monat für die Luftwärmepumpe.

Und das, obwohl die Außenwände nicht zusätzlich gedämmt sind, die Verkleidung aus Faserzementplatten ist vorgehängt und hinterlüftet, sie schützt allein gegen Regen – typisch für die Eifel. Michael Danke hat sein 15 m langes und 5 m breites Haus schräg zwischen die alten Obstbäume seines Hanggrundstückes gesetzt, es öffnet sich schwebend und komplett verglast in den romantischen Garten. „Jedes Mal, wenn wir reinkommen, atmen wir erst mal tief durch, so gut riecht es hier", schwärmt der Architekt. Klar, denn überall ist man von offenporigem Holz umgeben, das seinen typischen Duft verbreitet.

MINIMALER ENERGIEVERBRAUCH IM GROSSHOTEL: DIE FORSTHOFALM IN LEOGANG

Durch die Entscheidung für ein Holzhotel konnten sich die Bauherren die gesamte Heizungsanlage für den siebengeschossigen Neubau ersparen. Das bringt zum einen weniger Investitionskosten, zum anderen deutlich geringere Betriebskosten.

Dazu der Bauherr und Hotelier Markus Widauer:

Bei unserem ersten Holz100-Erweiterungsbau (im Bild der rechte, dunklere Bau) hat der Heizungsplaner die Heizanlage nach Norm berechnet. Es wurden zwei Pelletsöfen mit je 200 KW eingebaut. Diese waren komplett überdimensioniert, da der damalige Planer den Eigenschaften der Holzwand keinen Glauben schenkte. Jetzt kommt uns das aber zugute, da wir mit denselben Pelletsöfen die spätere zweite Baustufe – das neue, siebengeschossige Holzhotel und das Mitarbeiterhaus (im Bild der linke, größere Holzbau) und den Pool am Dach des neuen Holzhotels mitversorgen.

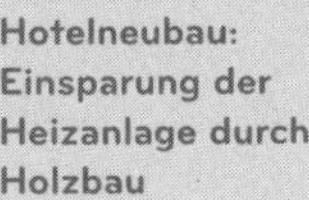

Hotelneubau: Einsparung der Heizanlage durch Holzbau

ENERGIEAUTARK MIT WENIGER INVESTITIONEN

Das Ziel, gar keine Heizkosten zu bezahlen und vollkommen energieautark zu sein, galt lange Zeit als unwirtschaftlich. Gerade um die letzten 10 oder 20 KWh/m² auch noch wegzubekommen, waren unverhältnismäßig hohe Investitionskosten erforderlich. Besonders hier eröffnet verdübeltes Massivholz als Haushülle ganz neue Möglichkeiten. Die Holzhülle selbst wird zum kostenlosen Wärmespeicher und zur Klimaanlage.

ES GEHT! DIE ARCHENEO BEI KITZBÜHEL

Ein 6.600 m² großes Bürohaus, in dem die Nutzer für Heizung und Kühlung keine Betriebskosten bezahlen, weil die Sonneneinstrahlung genügt: Das klingt wie eine Utopie, ist aber in der Praxis ver-

Der Bergstock Wilder Kaiser schaut auf das zukunftsweisende Holzbüro des ehem. Kitzbüheler Bürgermeisters.

wirklicht und bestätigt durch die inzwischen mehrjährige Betriebskostenrechnung. Holz100 ersetzt Haustechnik, denn es kühlt und wärmt auf natürliche Weise. Gleichzeitig fördert es die Gesundheit, macht energieunabhängig und ist Vorreiter zum Thema Nachhaltigkeit.

6.600 m^2 Bürofläche und vier Geschosse: Hier zahlen die Eigentümer und Mieter der Räume null Euro für die Heizkosten. Die Sonne scheint ja kostenlos!

Auszug aus einem Brief des Bauherrn der ArcheNEO
Am 16. November 2012 schrieb Dr. Horst Wendling, ehemaliger Bürgermeister von Kitzbühel und Bauherr der ArcheNEO, an Erwin Thoma:

Betreff: Bäume als Lehrmeister

Hallo Erwin!

Gratuliere zur „international besten Technik". Im ArcheNEO-Park findet man auf einer Fläche von 6.600 m² zahlreiche Büros. Alle diese Büros werden mit Erdwärme versorgt. Die elektrische Energie liefert uns eine 1.700 m²-Photovoltaikanlage. Die Kombination Thoma-Holz und Erdwärme, Photovoltaik ermöglicht es uns, die Betriebskosten pro Monat und Quadratmeter auf € 0,54 zu senken (Betriebskostenabrechnung unserer Hausverwaltung für das Jahr 2011). Der Österreichschnitt liegt bei € 1,74 pro Quadratmeter und Monat; der Schnitt für das Bundesland Wien liegt bei € 2,02 pro Quadratmeter und Monat. Es gibt also in Wien eine Menge zu tun. Wesentlich besser punkten können wir dabei, dass die Heizkosten im Winter 2010/2011 sowie im Winter 2011/2012 in der ArcheNEO gleich null waren. Bei den Betriebskosten sind schließlich Schneeräumkosten, Versicherungsprämien, Grundsteuern und dergleichen miteinzubeziehen. Die Kosten für die Beheizung der Räume, Geschäftslokale und Büros waren in den vergangenen Jahren gleich null. Die Energiekosten, die wir für das Betreiben unserer Wärmepumpen benötigen (14 Bohrungen à 200 Meter Tiefe), haben wir selbst auf den beiden Dächern der Module 1 und 2 unserer ArcheNEO produziert.

Weiterhin viel Erfolg!

Mit besten Grüßen,
Dr. Horst Wendling

Um die ältesten Filmrollen des österreichischen Staates unbeschädigt zu lagern, ist eine ganzjährig konstante Temperatur von 2° C ohne Schwankung Voraussetzung. Die Holz100-Hülle des Bauwerkes reduziert die Heiz- und Kühllastspitzen so weit, dass das ganze Archiv energieautark betrieben wird. Heizung und Kühlung werden nur durch die überraschend kleinen Solarflächen auf dem Dach umweltfreundlich und ohne laufende Energiekosten unterhalten. Damit die wertvollen Schätze des österreichischen Filmarchivs auch wirklich keinem Risiko ausgesetzt werden, wurde dieses Klimatisierungskonzept gemeinsam mit Wissenschaftlern der TU Graz erarbeitet.

Das Filmarchiv Austria ist seit 2004 in Betrieb und benötigt für Heizung und Kühlung keine Energie von außen, außer der Sonne am Dach – diese deckt ganzjährig 100 % des Bedarfs ab.

Gebaut nach der Weisheit der Ameisen: Im sommerheißen Weinklima kühlt sich der Holzbau auf innen 2° C nur mit der Sonnenenergie vom Dach.

FÜNFGESCHOSSIGER HOLZBAU OHNE HEIZUNG: ARCHITEKTUR IM KREISLAUF MIT DER NATUR

Zum Abschluss wird es richtig wild. Eine Schweizer Bauingenieurin, Regula Trachsel und ihr Mann, der Architekt Sascha Schär errichteten mit uns ein Haus, das über alle denkbaren Möglichkeiten hinausgeht.

„Wir bauen im Berner Oberland, in der winterkalten Matterhornregion, ein fünfgeschossiges Haus. Zwei Geschosse Büroräume und darüber drei Geschosse Wohnungen. Wie die Ameisen in ihrem Bau wollen wir einen Weg finden, bei dem das Haus vollkommen ohne Technik, ohne Heizung, ohne Kamin und ohne Solaranlage auskommt und dennoch den ganzen Winter wohlig warm ist! Wir werden auch auf jede technische Lüftungsanlage verzichten. Wir sind überzeugt, dass in der atmungsaktiven Holzhülle ohne Dampfsperren und Folien die Luftqualität trotzdem hervorragend bleibt", so die beiden Bauherren. Beinahe jeder Fachmann würde zu so einer Idee „unmöglich" sagen. Die Ingenieurin und der Architekt haben eine Holz100-Hülle mit dem Weltrekord-Lambdawert 0,077 genommen und gemeinsam mit einem Team von Wissenschaftlern das Unmögliche möglich gemacht.

Akribische Messungen den ganzen Winter über zeigen das unglaubliche Ergebnis. Zuerst stand aber die Liebe der beiden Bauherren zur Natur. „Bauen kann so gelebt werden, dass wir dabei unsere Umwelt verbessern und nicht belasten. Es ist eigentlich logisch, dass dabei auch die Wohnqualität und Energie im Inneren des Hauses unglaublich gewinnt!", meint der Architekt mit leuchtend-begeisterten Augen.

Das Büro und Wohngebäude von Ingenieurin Regula Trachsel und Architekt Sascha Schär steht in Zweisimmen in der Schweiz. Das moderne Wohn- und Bürogebäude ragt wie ein hölzerner Bergkristall aus der Landschaft.

Seine Gedanken und Werte leben Bauherrin und Bauherr in dem fünfgeschossigen Holz100-Gebäude ohne Heizung und ohne technische Lüftungsanlage vor.

Ein neuer Durchbruch: Hier gibt es gar keine Heizung, keinen Kamin, keine Solaranlage mehr. Trotzdem wird es innen nie kühler als 18° C – das kann nur volles Holz.

Die großen Fenster sind nach Süden ausgerichtet. Dahinter liegt innen ein dunkler Lehmboden als Kurzzeitspeicher – ergänzend zur Langzeitspeicherung der dicken Holzwände.

BAUEN IM KREISLAUF NACH CRADLE TO CRADLE

a. Holz100 als Außenwände, Dach und Decke
b. Flachs als Dämmmaterial
c. Kork als Trittschalldämmung
c. Lehm als Bodenmaterial
e. Sanitär sowie Küche von der Bauteilbörse Bern/Biel

Im ganzen Haus gibt es nur Materialien, die keinen Abfall hinterlassen.

EINFACH BAUEN – INTELLIGENT BAUEN

a. Bauen mit Holz100
b. Bauen mit viel Masse
c. Bauen ohne künstliche Lüftung/Kühlung
d. Bauen ohne Heizung
e. Bauen mit normalem Menschenverstand

WIE FUNKTIONIERT DAS?

Bei jedem Gebäude verliert man im Winter am meisten Energie durch die Glasflächen. Diese wurden hier daher genau optimiert. Kleinere Fenster gibt es an der schattigen Nord- und Ostseite.

Große Belichtung Südwest, also direkt zum Sonnenstand von 12.00–14.00 Uhr.

Hinter den großen Gläsern liegt als Kurzzeitspeicher ein dunkler Stampflehmboden. Die Langzeitspeicherung und Wärmedämmung übernehmen die 36 cm dicken Thoma-Holz100-Wände. Dadurch, dass diese Wände winddicht sind und Passivhausstandard ermöglichen, aber keine luftdichte Dampfsperre benötigen oder enthalten, wurde bewusst auf ein Lüftungssystem verzichtet. Ein genaues Monitoring zeichnete den ganzen Winter in allen Räumen die Temperatur und die Luftqualität auf.

Ergebnis:

Im Winter 2014/2015 war die Temperatur im Haus immer höher als 18° C. An den meisten Tagen war es wärmer als 20° C. Und die Luftqualität war sowohl in den Büro- als auch in den Wohnräumen immer im optimalen bis sehr guten Bereich.

Das ohne jegliche Heizung und ohne jegliche Lüftung!

Und die Kosten? Wer für die Technik nichts mehr investieren muss, der baut extrem kostengünstig. In jedem Fall baut man auf diese Weise deutlich günstiger als ein herkömmlicher Bau mit Dämmung, Heizung, Lüftung etc. Und wer im Bad ganz sicher 24° C haben möchte, könnte das immer noch mit einem Infrarotspiegel und einigen Euro Heizkosten im Jahr aufrüsten.

HEIZKOSTEN ADE – ES GEHT!

Die Beispiele in diesem Kapitel beinhalten ohne Ausnahme Istwerte. Keine Annahmen, keine vielleicht fehlerhaften Simulationen, sondern nur gelebte, erfahrene, gemessene Werte.

Die Beispiele legen Zeugnis ab. Es gibt sie. Sie sind da. Sie können jederzeit von uns allen begriffen werden: vom hochkomfortablen Stadthaus in Wien über das 6.600 m² große Büro im kalten Kitzbühel ohne Heizkosten; vom rustikalen Haus mit nur einem Ofen und 3–4 rm Brennholz Jahresverbrauch bis zum visionären Fünfgeschosser in der Schweiz ganz ohne Heizung, ohne Haustechnik und ohne herkömmlichen Dämmstoff.

Die Ideen der Bäume, die Weisheit in unseren Wäldern, die Intelligenz des fürsorglichen Materials, des Holzes, das ist viel mehr als romantische Naturschwärmerei. Es ist geniales Wissen, konsequenteste Ingenieursarbeit der Natur, die für uns Menschen, für Sie, für mich, für jeden von uns neue, bessere Lösungen und Wege eröffnet. Es ist ganz egal, ob wir modern oder rustikal, urban oder ländlich leben. Die Bäume schenken uns eine neue Art von Gesundheit, Unabhängigkeit und Geborgenheit, die weit über unser

Regula Trachsel, die Bautechnikerin, und ihr Mann Sascha Schär, der Architekt. Mit wissenschaftlicher Begleitung und 36 cm dicken Holz100-Wänden zeigen die beiden eine neue Dimension des Holzbaues.

eigenes Leben hinaus noch für unsere Enkel und Urenkel ein Segen sein werden.

An dieser Stelle danke ich noch einmal den Bauherrinnen und Bauherren der hier gezeigten Beispiele. Erst mit ihrer Entscheidung, ganz auf Holz zu vertrauen, erst mit ihrer Begeisterung für diese Holzwunder konnten all die aufgeführten Schritte gelingen. Sie geben allen Menschen den Mut und die Möglichkeit, auch im eigenen Leben, in der Stadt und auf dem Land künftig auf Holz zu setzen und die Bäume in unser Leben zurückkehren zu lassen. Dankeschön!

DIE TISCHLER BLÜHEN AUF

Schweizer Handwerker sind als besonders präzise und als Tüftler bekannt. Was aber dem Schweizer Tischler Roger Lindauer eingefallen ist, übertrifft dieses Bild bei Weitem. Rogers Tischlerei liegt südlich von Zürich am malerischen Lauerzersee in der Ortschaft Steinen. Hier in der Zentralschweiz sagt man ja Schreiner und nicht Tischler. Die Schreinerei Lindauer präsentiert sich von außen als sehr moderner, sehr aufgeräumter Bau. Was sich freilich innen abspielt, das kann wohl keinen „Holzwurm" dieser Welt unberührt lassen. Egal ob er sich Tischler oder Schreiner nennt, egal ob er in Europa, Asien oder sonst wo auf der Welt mit Holz arbeitet – hier drinnen in der Schreinerei Lindauer geschehen Dinge, von denen alle Meister und Ausbildner, Berufsschullehrer und Gesellen ihren Lehrlingen erklären, dass genau das auf gar keinen Fall möglich ist.

Das Lindauer-Team fertigt modernste Möbel, ganze Küchen zum Beispiel ohne einen Tropfen Leim. Metall gibt es nur bei Scharnieren, Auszügen oder als Dekoration. Die Platten der Fronten, der Innenteile, die Arbeitsplatten entstehen aus reinem Holz, ganz zeitgemäß, glatte Vollholzoberflächen, ohne Profil, ohne sichtbare Einfräsungen oder Rahmen. Roger Lindauer hat einen Weg gefunden, auf rationelle und kostengünstige Art leimfreie Tischlerplatten herzustellen. Wie geht das – vollkommen ohne klebende Chemie? Und als wäre es noch nicht genug, fertigt die Firma Lindauer auf die gleiche Weise massive Innentüren, 4 cm dick aus vollem ungedämpften Buchenholz. Diese Türen werden dann ohne Rahmen, ohne Türstock passgenau in die Wandebene eingesetzt und verziehen sich dort keinen Millimeter.

Roger Lindauer mit seiner Frau.

Rohe Rotbuche? Das für einen Tischler gefährlichste Massivholz, das sich bekanntlich bei Feuchteänderungen immer doppelt so viel bewegt wie andere Hölzer. Unter Tischlern gibt es zur Rotbuche den Spruch: „Die Buche arbeitet auch am Sonntag!“ Damit wird treffend ausgedrückt, warum alle Holzverarbeiter so viel Respekt vor dem doppelten Quellen und Schwinden der Buche haben. Es grenzt an Provokation, aus diesem schwierigsten aller Hölzer massive Türen im modernen, ganz glatten Design in Serie herzustellen. Am heftigen Arbeiten der Buche sind schon viele Tischler verzweifelt. Bevor ich Rogers Entwicklungen kennengelernt habe, hätte ich davon nicht zu träumen gewagt.

Feinste Tischlerplatten aller Größen und Holzarten ohne einen Tropfen Leim? Das hieße ja, Spanplatten, Gifte und Belastungen ade. Wird damit auch im Möbelbau Wirklichkeit, was wir mit Holz100 im Holzbau geschafft haben? Wenn das ein Tischler zu leistbaren Preisen anbieten kann, dann wüsste der Kunde wieder, warum er zum Tischler geht und nicht im nächsten großen Möbel-

Die Möbel der Zukunft bestehen aus reinem, gewachsenem Holz. Belastende Leimplatten gibt es hier nicht mehr.

haus mit belastenden Leimen kontaminierte Wegwerfmöbel abholen soll. Das betrifft allein im deutschsprachigen Raum über 200.000 Tischler und all ihre Kunden. Aber langsam und der Reihe nach. Ergründen wir zuerst einmal die Entwicklung des Zentralschweizer Schreiners.

Wir lernten uns kennen, als Roger vor der Aufgabe stand, aus seiner alten Schreinerei auszuziehen und im Gewerbegebiet von Steinen ein neues Betriebsgebäude mit Wohnung für seine Familie zu bauen. Gemeinsam mit seiner Frau entschied er, die Teile des

Baues, die in Holz vorgesehen waren, aus unserem verdübelten Holz100 zu errichten. Die beiden kannten meine Bücher und waren überzeugt von der Möglichkeit, mit reinem Holz besser zu bauen. Rogers Frau war begeistert von der Leimfreiheit und Gesundheit der Wand. Roger brachte den Gedanken nicht mehr aus dem Kopf, dass wir es geschafft hatten, jede Verbindung mechanisch zu lösen. Meine Bücher las er mehrfach und irgendwann sagte er zu mir: „Du warst ja mein Lehrmeister bei meiner ganzen Entwicklung!" In der Tat haben wir uns auch darüber unterhalten, dass es ein Traum wäre, so ein mechanisches Verbindungssystem für Möbel zu finden. In meinem Buch „Für lange Zeit" habe ich im Kapitel „Die Kunst der Holzverarbeitung" unter anderem geschrieben:

Führe niemals einen Kampf gegen das sinnvolle Pulsieren
der Natur,
versetze vielmehr dich selbst – deinen Geist, dein Herz
und deine Seele –
tief in das Innere der Bäume.
Spüre jeden Ablauf und jede Reaktion des Kosmos Holz,
dann bleibt dir keine Meisterschaft verschlossen.
Sobald du selbst gegen nichts mehr kämpfst,
kommt deine Arbeit in Fluss.
Wenn es quillt, quillt es nun für dich,
wenn es schwindet, schwindet es für dich.
Plötzlich siehst du, wie nutzlos es ist, Holz abzusperren,
gegen seine Kräfte zu arbeiten.
Die Kräfte des Holzes arbeiten nun für dich.
Jetzt beginnt deine wahre Meisterschaft im Leben
und Arbeiten mit Holz.

Ein Meister der Holzverarbeitung ist derjenige, der die einzigartigen Eigenschaften des Materials wie das Quellen und Schwinden als Chance begreift, die ihm zu seinem Ziel hilft. Bisher haben die Handwerker im Gegensatz dazu gelernt, dass die Bewegungen des Holzes mit giftigen Leimen abgesperrt werden müssen.

Solche Gedanken konnten Roger schlaflose Nächte bereiten. Er spürte, wie wichtig es ist, einen Weg zu finden, bei dem alle schönen Formen der Innenarchitektur mit nichts als reinem Holz, mechanisch verbunden, verwirklicht werden.

Als Meister seines Faches war er unzufrieden mit der Entwicklung der letzten Jahrzehnte. Früher begleitete ein Tischlermeister sein Material vom Sägewerk weg über lange Jahre der Lufttrocknung. Dann wurde das Material sorgfältig ausgewählt. Dennoch bleibt Holz ein organisches, lebendes Material. Ein falsches Brett am falschen Ort konnte zum Klemmen der Schublade führen. Diese Anforderungen haben über Jahrhunderte das große Handwerkswissen aller Tischler und Schreiner als Antwort hervorgebracht. Überlieferte Holzverbindungen und Handwerkstechnik schenkten uns am Ende Erbstücke, die heute oft noch mehr wert sind als zum Zeitpunkt ihrer Entstehung.

Das ist gegenwärtig beinahe verschwunden. Die lange Arbeitszeit an einem Möbelstück wird einfach nicht mehr bezahlt. Tischler, die überleben wollen, sind daher gezwungen, schnell und billig zu arbeiten. Die Lösung dazu heißt Spanplatte.

Eine milliardenschwere Leimplattenindustrie konnte sich etablieren. Die Tischler verloren nicht nur weite Teile ihres großen Handwerkswissens. Nein, auch die Wertschöpfung ist zu einem ganz großen Teil von den holzverleimenden Plattenindustrien abgesaugt worden. Die Tischler sind ähnlich wie viele „moderne" Zimmerleute zu spanplattenschraubenden Monteuren degradiert worden. Als wäre das alles nicht schon genug des Unheils für die traditionsreichen Möbelmacher, konnte mit dem Produkt der verleimten Platte auch der globale Wettbewerb angepfiffen werden. Wenn ein mitteleuropäischer Tischlereibetrieb brav seine Steuern und Sozialabgaben bezahlt und das in die Arbeit hineinkalkuliert, dann gibt es immer irgendwo in der Welt einen Ort, an dem Menschen diese Arbeit wesentlich billiger verrichten müssen. Unsere Umwelt- und Sozialstandards gelten dort nicht. Die zweiten großen Sieger der Entwicklung waren daher die Eigentümer der großen Möbelhausketten. Sie können mit ihren Produktionen global agieren und rasch dorthin ziehen, wo gerade Menschen am allerbilligsten arbeiten müssen. Dass diese Menschen möglicherweise irgendwann die Zustände des globalen Brutalkapitalismus nicht mehr aushalten und aufbrechen, um bei uns im gelobten Wohlstand ihr Glück zu finden, das kommt noch dazu.

Der langfristig größte Schaden der Entwicklung liegt aber sicher in der Änderung des Materials. In meinem Zimmer, wo ich diese Zeilen schreibe, bin ich umgeben von Möbeln, die alle älter als 150 Jahre sind. Die fachkundige Handarbeit am Massivholz hat zu generationenlang werthaltigen und wunderschönen Möbeln geführt. Das Design ist stilistisch der jeweiligen Epoche zuordenbar und einfach zeitlos schön. Wer immer nach mir mit diesen Möbeln wohnen kann, der wird seine Freude daran haben.

Das Geschäftsmodell, das heutigen Massenmöbeln zugrunde liegt, ist aus dem neuen Material, der verleimten Platte entstanden – mit jedem beliebigen Dekor beklebt. Je schneller der Eigentümer seine Möbel wieder wegwirft und neue kauft, desto besser für den Handel und die Plattenindustrie. Wegwerfen lautet das Ziel der Wegwerfgesellschaft. Nebenbei haben ausgasende Dämpfe der verwendeten Chemie ein Leben lang unsere Gesundheit belastet. Für ganz robuste Zeitgenossen könnte man im besten Fall vielleicht sagen: Sie haben es ohne Schaden überstanden. Für sensible Menschen oder Allergiker können solche Emissionen zur Hölle werden. Darüber wurde inzwischen ausreichend publiziert.

Die Gewinne dieser Art von Wegwerfproduktion sind privatisiert und fließen in die Taschen der global agierenden Konzerne. Die Belastungen und Kosten, die das kontaminierte Wegwerfprodukt erzeugt, werden auf die Allgemeinheit übertragen. Das Sozialsystem, das Gesundheitssystem und nicht zuletzt die öffentlichen Entsorgungssysteme werden durch den komplett unnötigen Sondermüll an ihre Grenzen gebracht. Wann werden endlich diejenigen besteuert, die Müll und immer kurzlebigere Wegwerfartikel herstellen?

Zusammenfassend kann man jedenfalls sagen, der ganze Kulturwandel vom generationenlang werthaltigen Möbelstück hin

Vom Holz100-Haus kam die Idee für Roger Lindauers Möbel. Reines Holz ist intelligent mechanisch verbunden. Diese Möbel und Küchen sind gesund, werthaltig und hinterlassen keinen Abfall.

zum Wegwerfprodukt konnte nur durch den Materialwandel vom Massivholz zur verleimten Platte geschehen.

Die Tischler wurden gezwungen, diesen Weg zu gehen, indem die Lohnkosten so gestiegen sind, dass sich fast niemand mehr handgefertigte „Durch-und-durch-Massivholzmöbel" leisten kann. Die Wegwerfgesellschaft verprasst zudem Unmengen an Rohstoffen und Energie. Sie zerstört unsere Umwelt, bringt soziale Ausbeutung und hinterlässt offene Rechnungen für unsere Nachkommen.

Das waren Überlegungen, die ich immer wieder mit Menschen aus der Tischlerbranche besprochen habe. Es war ja im Grunde genau die gleiche Problematik, die ich vom Hausbau zu gut kannte. Die Industrie hat es verstanden, das Milliardengeschäft der Bauchemie so tief in der Bauwirtschaft zu verankern, dass selbst gestandene Zimmermeister, lange Zeit davon überzeugt, diesen Weg gingen und heute noch gehen.

Die Alternative, mit Mechanik, also mit dem Holzdübel alles zusammenzuhalten, anstatt die giftige Chemie einzusetzen, ist in den vorangegangenen Kapiteln ja ausreichend beschrieben worden.

Wettbewerbsfähig zum konventionellen Bau wurde die mechanische Methode erst durch die neue Generation der CNC-gesteuerten Maschinen und Robotertechnologien, die in den 1990er-Jahren auf den Markt gekommen sind. Meinem Team standen damals einige ausgesuchte Maschinenbauexperten zur Seite. Mein größter Dank gilt dabei dem unermüdlichen Schweizer Unternehmer und Maschinenbauer Sepp Rothmund († 2015). In den Ohren moderner Betriebswirte und Banken würde es vermutlich grob fahrlässig klingen, welche Projekte mit hohem Entwicklungsrisiko wir über Jahre per Handschlag fixierten. Neben aller technischen Kompetenz sind es am Ende dann doch die menschlichen Qualitäten wie Ausdauer, Vertrauen und Verlässlichkeit, die zum Ziel führen. Danke, Sepp Rothmund!

Die geniale Lösung des Roger Lindauer sollte auch in diesem Punkt unserem Weg sehr ähnlich sein. Mithilfe moderner CNC-Technik wurde der Traum möglich. „Erwin, schau dir das an. Jetzt haben wir die Küche unserer Träume gebaut. Topmodern und wunderschön. Dabei durch und durch volles Holz ohne einen Tropfen Leim. Alles wunderbare Steckverbindungen mit Dübel abgesichert!" So hat er mir eines Tages seinen Durchbruch nach jahrelangem Bemühen präsentiert.

In die Fächer und Läden dieser Küche bin ich beinahe hineingekrochen. Unglaublich, mit modernsten Beschlägen versehen, spielte die Küche alle Stücke ihrer Meisterschaft. Aber es war nichts anderes als auf intelligente Weise ineinandergesteckte Hölzer. Gleichermaßen simpel wie genial.

„Roger, damit bist du der Meister aller Meister!" Ich gratulierte ihm von Herzen. Er hat es geschafft, einzelne Bretter so zu einer massiven Platte zu verbinden, dass die Vorderansicht eine geschlossene, glatte, schlichte Platte mit einer Fuge im Griffbereich ergibt.

Wie ich Jahre zuvor in meinem philosophischen Essay über die Kunst der Holzverarbeitung schrieb, war hier kein einziges Brett abgesperrt. Sie konnten im normalen Maß zwischen Sommer und Winter quellen und schwinden, ohne dass sich an der fugenfreien Oberfläche etwas ändern würde.

Im Gegenteil, das Arbeiten des Holzes wird in den Dienst der eigenen Sache gestellt. Die rückseitig in Plattenebene eingelassene Gratleiste ist nicht parallel gefräst, sondern weist in ihrer Längsrichtung eine sich unregelmäßig verjüngende Konizität auf. Damit verfestigt sich das Ganze mit jeder Bewegung noch mehr.

Diesen herrlichen Grundsatz kennt man aus der jahrtausendealten japanischen Holzbaukunst. Bei Rogers Gratleisten geht es allerdings um Zehntelmillimeter, die deckungsgleich in die Platte und dann auch in die Leiste selbst gefräst werden müssen. Das wäre von Hand unmöglich beziehungsweise ein unbezahlbarer Arbeitsaufwand. „Mit der CNC-Maschine, die wir ohnehin haben, können wir das ganz schnell und kostengünstig anfertigen", meinte Roger dazu, „das Geheimnis liegt in der Software und Programmierung. Das war der größte Teil der Entwicklungsarbeit, den ich selbst gemacht habe. Es hat sich aber gelohnt. Wir machen ja nicht nur Küchen, sondern auch Schlafzimmer, Einzelmöbel, alles, was es so gibt, auf diese Weise. Und was mich am meisten überrascht hat, das ist der Preis. Die leimfreien Vollholzmöbel kommen uns unwesentlich teurer, als wenn ich verleimte Platten zukaufe, zuschneide und herrichte!" Das verblüffte mich. Bei unseren Häusern haben wir beinahe zehn Jahre gebraucht, bis wir preislich mit konventionellem Ziegelsteinbau mithalten konnten. Wir mussten allerdings die gesamte Fertigung neu entwickeln. Bei Roger war außer der Software und einigen Fräswerkzeugen keine einzige Neuinvestition nötig. Er kann die leimfreien Vollholzmöbel auf ganz normalen Tischlereimaschinen herstellen. Die CNC-Fräse war in diesem Betrieb ebenfalls schon vorhanden.

Zu dieser Zeit hatte ich gerade das Problem, dass ich für einen Holz100-Bau keine passenden Innentüren finden konnte. Wenn einer unserer Kunden der Holz100-Idee folgend keine Spanplattentüren wollte, haben wir bis dahin immer Massivholztüren mit der traditionellen Rahmen- und Füllungskonstruktion empfohlen. Das passt für traditionelle Bauten sehr gut. In modernen Objekten geht es nur mehr mit Einschränkungen. Außerdem sind solche Türen doch recht arbeitsintensiv und teuer.

Das habe ich gleich mit Roger besprochen. Bei der Türe ergibt sich freilich das Problem, dass es zwei schöne, glatte Seiten sein müssen. Eine Gratleiste an der Rückseite wäre optisch störend. Er hörte mir aufmerksam zu und sagte nicht viel. Ich setzte noch eine Anforderung drauf und sprach den Preis an. Bei Türen herrscht ein wilder Wettbewerb. Alles, was mehr als tausend Euro kostet, ist sehr schwer zu verkaufen. Auch wenn es hochwertig und schön ist.

Türen sind natürlich größere, dickere und schwerere Teile als die Läden oder Türen eines Möbelstückes. Technisch erhöht das die Herausforderung. An diesem Tag blieb ich nach vielen Fachgesprächen länger als geplant, um schließlich begeistert von dieser Innovation den Heimweg zu meinem Quartier anzutreten.

Erst nach einem Jahr kam ich wieder in die Schreinerei Lindauer. Gemeinsam mit einem sehr bekannten Schweizer Ex-Skirennläufer war ich als Referent zu einer in dieser Art wohl einzigartigen Veranstaltung geladen. Zufällig (?) lebt im gleichen Ort mein guter Freund Beat Auf der Maur. Beat ist sozusagen der „Meister Holz100 Schweiz". Er hat die Technik in sein Heimatland gebracht, dort verbreitet und begleitet sie und alle Schweizer Partner nach wie vor. Beat hat gerade eine Holz100-Siedlung errichtet, bestehend aus vier mehrgeschossigen Wohnbauten und zwei Einfamilienhäusern. Mitten in der Bauphase veranstaltete er einen Tag der offenen Tür, bei dem Besucher die verschiedenen Baufortschritte an einem Ort zur gleichen Zeit beobachten konnten. Ein Wohnbau stand am Anfang bei den Kellerarbeiten, beim zweiten war der Vollholzrohbau gerade fertig. Beim dritten arbeitete innen der Lehmputzer und die Installationen waren noch alle offen zu sehen. Schließlich ging es in das erste vollkommen fertige Haus, dessen Bewohner, die Familie Föhn, geduldig zwei Tage lang Hunderte Personen durch ihr gerade bezogenes Heim führten.

Am Abend versammelten wir uns in der unweit gelegenen Schreinerei Lindauer. Dort hielt der Ex-Skirennläufer einen Vortrag, in dem er seinen mühevollen Weg vom gefeierten Sportler über seinen lebensbedrohlichen Unfall hin zum erfolgreichen Unternehmer schilderte. Nach diesem berührenden Bericht war er von den Menschen umringt. Ich hielt mich im Hintergrund, da kam Roger auf mich zu. „Erwin, da bist du ja – komm, ich muss dir etwas zeigen. Erinnerst du dich, als wir vor einem Jahr von der leimfreien Vollholztüre geträumt haben? Schau, hier ist sie. Aus allen Holzarten, sogar aus ungedämpfter Buche können wir das machen!"

Ich stand vor der Verwirklichung unserer Idee. Und wie er das gelöst hat. Außen sieht man nur stehendes Holz, Stück um Stück zum fugenfreien Türblatt aneinandergereiht. Dieses Mal sind die Querleisten oval und im Inneren der 4 cm dicken Türe platziert. Dübel, die in der Mitte der stehenden Längshölzer das ganze Türblatt von beiden Seiten unsichtbar durchdringen. Wieder ist es die besondere Passform dieser Dübel, die das Ganze erst funktionieren lassen. Auch in der Längsverbindung der einzelnen Stäbe hat Roger jetzt eine Schwalbenschwanzverbindung entwickelt, die sich konisch verändert. Einmal zusammengeschoben, sind solche

Roger Lindauers Geheimnis im Detail: Holz in Holz gesteckt, ergibt es die gesündeste und ökologischste Tischlerplatte der Welt – ohne chemische Belastung. Hier als Küchenfronttüre.

Verbindungen praktisch unendlich verbunden. Die Abbildung zeigt das Prinzip der Konstruktion.

Die Außenmaße quer und längs des Türblattes werden von Längsfasern gebildet und dadurch fast bewegungsfrei gehalten. Für die Querbewegungen gibt es beim Türgriff eine optisch ansprechende Bewegungsfuge. Bewegungen werden also nicht abgesperrt, sondern innerhalb der Konstruktion so zugelassen, dass sie die Außenmaße nicht berühren.

Diese kunstvollen Fräsungen, bei denen wieder Zehntelmillimeter die entscheidende Rolle spielen, waren so auf dieser Welt wohl noch nie verwirklicht worden. „Roger, der Preis?", fragte ich vorsichtig an. Vergnügt kam die Antwort: „Wie du es dir gewünscht hast. Knapp unter tausend Euro!" Ich musste plötzlich an die vielen Tischler denken, mit denen ich in den letzten 30 Jahren über ihr Handwerk gesprochen hatte.

Noch nie war mir dabei einer begegnet, der mir mit strahlenden Augen und voller Begeisterung berichtet hätte, dass er in seinem Betrieb verleimte Spanplatten zusammenschrauben durfte. Nicht ein einziges Mal im ganzen Leben ist mir das passiert. Im Gegenteil, sehr viele Tischler entschuldigen sich geradezu, dass sie auch mit Leimplatten arbeiten müssen. Die geforderten modernen, ganz geraden Oberflächen kann man mit Massivholz eben nicht herstellen, heißt es dann. Schon traurig, wenn ein ganzer Berufsstand mit einem Werkstoff arbeitet, den er eigentlich nicht mag. Tischler sind Menschen, die von Bäumen träumen, von Jahresringen, vom Geruch des Massivholzes.

Wenn sie das tun dürfen, mit diesem gewachsenen Stoff arbeiten dürfen, dann blühen sie auf, unsere Tischler. Vor allem aus jener Liebe zum Holz haben sie ja genau diesen Beruf ergriffen.

Roger, du zeigst den Tischlern, wie wieder alles aus reinem Holz gemacht werden kann. Gesünder, edler und für die ganze

Auch Türen entstehen aus massivem Holz und sonst nichts – noch dazu zu erschwinglichen Preisen.

Welt besser als früher. Mögen viele deiner Berufskollegen diese Chance erkennen, dein geistiges Eigentum an der Entwicklung respektieren und dir dieses einzigartige Wissenspaket abkaufen – zum Nutzen aller Menschen und unseres ganzen Planeten.

Bei der Drucklegung des Buches gab es bereits eine Reihe von Tischlermeistern, die in ihrem Betrieb das System Lindauer umsetzen beziehungsweise sich dafür interessieren. Wie es aussieht, werden es laufend mehr. Das sind Betriebe, die wieder das volle Holz, den Zauber des ganzen Baumes zu ihren Kunden bringen. Und vor diesen Firmen stapelt sich auch Mondholz. Holz in seiner besten Form, das darauf wartet, auf die beste Art verarbeitet zu werden.

Das wollen wir unterstützen und haben deshalb auf unserer Homepage eine eigene Rubrik eingerichtet, in der jeder den nächsten aufblühenden Massivholztischler in seiner Nähe finden kann. Sie finden diese Informationen unter www.thoma.at.

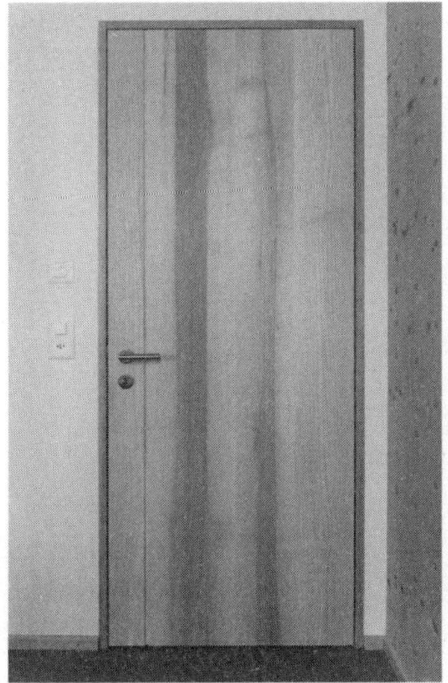

Von ganz schlicht bis bunt gemasert, sind alle Hölzer und Farben möglich.

DIE BÄUME NICHT AUF DEN KOPF STELLEN

Vor gut 25 Jahren schrieb ich an meinem ersten Buch. Wie eingangs erwähnt, hatte ich damals keinerlei wissenschaftliche Untersuchungen oder Bestätigungen für technische Auswirkungen von Mondholz an der Hand. Dafür war ich aber umso mehr durch meine eigenen Beobachtungen bestärkt. Zirben, die nicht schimmeln, Holz, das schwer brennt, Holzbauten, die vom Wurm nicht zerfressen werden – diese und eine Reihe weiterer Erfahrungen hielt ich im Buch „... dich sah ich wachsen – über das uralte und das neue Leben mit Holz, Wald und Mond“ fest. Altes Holzbauwissen unseres Opas und die dadurch ausgelösten Beobachtungen sollten das Manuskript rasch füllen.

Mein Büchlein hatte unerwartet viel bewegt. Heute liegen profunde wissenschaftliche Arbeiten auf dem Tisch. Die Debatte, die über altes Holzwissen ausgelöst wurde, hat uns allen nach Jahren heftiger Auseinandersetzung wertvolle Studien und neues Wissen zu dem Thema gebracht.

In diesem Kapitel möchte ich es daher erneut wagen, wie damals wissenschaftlich abgesichertes Terrain zu verlassen. Achtung, liebe Leserinnen und Leser, ab jetzt gehen wir wieder in die Welt bisher nicht erforschter Naturbeobachtungen, in Erfahrungswissen und wollen alten Traditionen nachspüren. Natürlich lassen wir uns dabei bewusst auf das Risiko ein, dass wissenschaftliche Forschungen ab und an das eine oder andere Detail anders erklären. Möglicherweise wird den beobachteten Wirkungen noch einiges hinzugefügt. Eventuell kann ein Teil nie naturwissenschaftlich erklärt werden.

Im besten Fall lösen Berichte über Naturbeobachtungen Forschungsarbeiten aus. Doch jetzt soll es uns allein um die Beobachtung und um Intuition, unser Gespür dazu, gehen. Immerhin habe ich schon einige Male erleben dürfen, wie wertvoll der Erfahrungsschatz alter Menschen sein kann. Beim Mondholz war es, wie gesagt, unser Opa, der alte Zimmermann, der mich als jungen, skeptischen Ingenieur geradezu drängte, es doch endlich auszuprobieren, damit ich mit dem besten Holz arbeiten kann.

Beim Thema Gesundheit und Einfluss der Bäume, des Holzes und seiner Inhaltsstoffe war es Rudi Hutz, ein großer Heiler, der sein ganzes Leben mit Naturbeobachtungen verbrachte. Im Buch „Die sanfte Medizin der Bäume“ konnte ich von Rudls Wirken berichten. Seine segensreiche Einstellung, dass Naturheilkunde eine immer wichtigere Ergänzung zur Apparate- und Pharmamedizin wird, ist inzwischen auch bei Ärzten weitgehend anerkannt. Und seine Lärchenharzrezepturen wurden von meinem Mitautor Dr. Maximilian Moser von der Medizinischen Universität Graz als hochwirksam, antibakteriell, antiviral sowie Pilzsporen abtötend bezeichnet. Immer, wenn ich das Glück hatte, von solchen alten Menschen zu lernen, die sich ein Leben lang mit der Natur, mit den Bäumen beschäftigten, wurde ich überrascht, dass im vermeintlich so gut erforschten Holz neue Möglichkeiten steckten. So einen alten, naturkundigen Herrn, der seit Kindesbeinen an eine innige Beziehung zu den Bäumen, zum geernteten Holz unterhält, wollen wir nun gemeinsam besuchen.

An einem brütend heißen Tag des ungewöhnlichen Hitzesommers 2015 sitzt er wartend auf der Hausbank vor seinem Bauernhaus. Hans Pöckl, der Ederbauer aus der Hinterschroffenau im Salzburger Land, ist bereits Mitte achtzig. Trotzdem hat er mich gebeten, erst nach 16.00 Uhr zu kommen, „weil wir das letzte Grummetheu einbringen müssen“. Bei der Heuernte hilft der rüstige Altbauer seinem Sohn und der Schwiegertochter immer noch. Hans freut sich, als ich mich gemeinsam mit meinem Bruder zu ihm setze. Richard will einige Fotos für mein neues Buch machen. „Ja, ja, das ist schon in Ordnung. Kannst ruhig fotografieren. Hast du noch dein Horn, das ich für dich gebaut habe? Bläst du auch manchmal drauf?", will Hans gleich wissen. Die Musik hat ihn durch sein ganzes Leben begleitet, und sein Musikinstrument ist wohl das längste aller Instrumente. Er bläst das Alphorn. Als Gründer und langjähriger Kopf der Hinterschroffenauer Alphornbläser hat der findige Hans auch alle Instrumente selbst gebaut – noch dazu aus Bäumen seines eigenen Waldstückes.

Wer kann das schon sagen? Der Altbauer vom Ederhof hat die Bäume tatsächlich selbst wachsen sehen – von seinen Vorfahren gepflanzt im Hochwald, der zum idyllischen Hof dazugehört, und zwar in dem Wald, der die Wiesen rund um das Haus einrahmt. In die Lebenszeit von Hans ist die Erntezeit vieler der mächtigen Fichten gefallen. Den Tag der Ernte, den Steinbocktag bei abnehmendem Mond im tiefen Winter, hatte er sich schon lange vorher als besten Zeitpunkt ausgetüftelt. Er hat die beißend scharfe Motorsäge zum Fällschnitt angesetzt, mit klingender Axt den Keil in den Schnitt getrieben. Mit Getöse ist der mächtige Stamm, sind die weiten Äste nach den Schlägen auf den Keil in den tiefen Winterschnee gefallen. Der tonnenschwere Stamm ist noch einmal zurückgefedert. Durch den Einschlag der Krone ist eine Schneestaubsäule in den kaltblauen Winterhimmel gestiegen. Unten am Wurzelstock stand andächtig und dankbar der Bauer, der Hans, der jetzt Großes mit diesem Holz im Sinn hatte.

Damals gab es das kleine Sägewerk im Nachbarort noch. Dort wurden mächtige Bohlen aus den langen, borkigen Rundhölzern geschnitten. Ja, ja, der Hans hatte den Baum gut ausgewählt. Ganz ruhig, ganz gleichmäßig war er gewachsen. Für seine Alphörner musste es ein einwandfreier, ganz schlicht gewachsener Stamm sein. Das Holz sollte jetzt noch einige Jahre lufttrocknen, bevor der Hans auf seine ganz eigene Art die Alphörner daraus fertigte. Viele Alphörner werden in drei oder vier Teilen mit Schraubgewinde angefertigt. Das macht nicht nur die Anfertigung, sondern vor allem auch den Transport einfacher.

Stimmt alles, solange kein Perfektionist am Werken ist. „Ich habe immer eine schwingende Luftsäule im Horn gesehen, die mit

Hans Pöckl, Altbauer,
Musiker und Instrumentenmacher.

dem Holz fließt und an keiner Verschraubung gestört wird." Für den Hans war es stets klar, dass er seine Hörner in ihrer ganzen Länge aus einem einzigen Stück Holz anfertigt. Das ganze Horn muss beim Pöckl Hans eine gewachsene Einheit bleiben.

Umso heikler war es natürlich, das richtige Holz in solcher Länge zu bekommen. Damit er diese kostbaren Holzstücke bestens ausnutzen konnte, fertigte er aus einem Rohling immer zwei Hörner. Gegenläufig gelegt ergibt das die beste Ausbeute. Unabsichtlich startete der Hans aber auf diese Weise ein merkwürdiges Experiment. Er bekam aus jedem Stamm ein Horn, bei dem von der Krone zur Wurzel geblasen wurde. Beim zweiten Horn aus dem gleichen Holz war die Richtung zwangsläufig verkehrt. Hier wurde von der Wurzel zur Krone hinaufgeblasen.

Die Hörner wurden aber genau mit den gleichen Schablonen deckungsgleich, sozusagen als Zwillingshörner angefertigt. Exakt gleiche Bohrung, gleiche Länge, gleiche Schalltrichter. Es waren absolute Zwillingsinstrumente, mit dem einzigen Unterschied der verschiedenen Wuchsrichtung des Holzes. Beim Stimmen der D-Alphörner kam die große Überraschung. Jene Hörner, die vom

Wipfel zur Wurzel geblasen wurden, hatten eine sehr einheitliche Stimmlage. Jene aber, die sich in Gegenrichtung zum Schalltrichter erweiterten, also Blasrichtung von der Wurzel zum Wipfel, mussten alle um 3 bis 4 cm abgeschnitten werden, damit sie zu den anderen dazu stimmten. Offenbar ergibt es für die schwingende Luftsäule im Horn einen spürbaren Unterschied, ob die Holzfaser mit der Schwingung läuft oder dagegen. Es ist also nicht egal, ob wir die Bäume auf den Kopf stellen oder in Wuchsrichtung verarbeiten.

Gilt das nur für Instrumentenbauer? Soll man das auch bei seinem Holzbett beachten? Schläft man in Wuchsrichtung besser? Sollen auch unser Kopf am Kronendach des Holzes und die Füße bei den Wurzeln ruhen? Und wie sieht es beim Bau eines Hauses aus?

Ich erzähle dem Hans, dass unser Opa, der alte Zimmermann, beim Holz immer von oben und unten gesprochen hat. Eine Säule sollte nicht auf den Kopf gestellt werden. Dachsparren wurden mit Kronenrichtung zum Firstbaum, also in Wuchsrichtung von unten nach oben, zum First hin verlegt. Das hatte auch den praktischen Grund, dass händisch behauene Balken manchmal nach oben hin waldkantig und etwas schwächer waren. Dort oben, ganz nahe beim First hatten sie auch eine geringere Last zu tragen als unten beim weit hinausragenden Vordach.

Einerseits klingt das sehr einleuchtend: Bäume soll man nicht auf den Kopf stellen. Andererseits muss man sich fragen: Was hat die Stimmlage eines Alphorns mit dem Bauholz für ein Haus zu tun?

Gerade unter all den alten Handwerkern, die ich kennenlernen durfte, habe ich noch niemanden gesehen, der mir den Rat erteilt hätte, Bäume auf den Kopf zu stellen. Freilich, in einer Zeit, die alles rationalisiert, die Erfolge nur mehr durch Billigsein zu erreichen glaubt, klingt so etwas seltsam.

Denken wir an dieser Stelle wieder an die Geschichte des Mondholzes. Wie seltsam mutete seinerzeit Opas Rat an. Wissenschaftlich vollkommen unbewiesen sollte ich bei abnehmendem Mond mein Bauholz ernten. Damals hatte unser Opa meine skeptische Ablehnung gesehen. Liebevoll, aber beharrlich drängte er mich zum Ausprobieren des seltsamen Ratschlages. Und es funktionierte.

Hans Pöckl zeigt uns, dass die Wuchsrichtung des Baumes für die Tonlage seiner Alphörner gar nicht egal ist.

Erst Jahre später wurde die technische Wirksamkeit des Mondholzes an der renommierten Schweizer ETH wissenschaftlich nachgewiesen. Doch darüber erfahren wir mehr im Kapitel Mondholz. Jedenfalls lohnt es sich, altem Wissen nachzugehen, wenn das Menschen über Generationen erfolgreich angewendet haben.

Schlussendlich gibt mir auch mein Gefühl, meine Intuition eine klare Antwort zu dem Thema.

Ich fühle, dass eine Wandverkleidung im Zimmer auf mich besser, stärker und gesünder wirkt, wenn die Bretter so stehen, wie sie im Wald gewachsen sind. Bei stehenden Kanthölzern, die ein Haus tragen, ist es genau gleich. Beim stehenden Holz bietet das Einhalten der natürlichen Wuchsform zweifellos das bessere Gefühl, obwohl es rein statisch betrachtet gleichgültig ist, wie man eine tragende Säule in das Haus einbaut.

Und ähnlich wie beim Mondholz gibt es auch bei der richtigen Wuchsrichtung der Hölzer noch einen ganz starken Hinweis, der mich immer wieder auf das Thema brachte. Es war nicht nur unser Opa, der überzeugt sein Lebtag lang auf Oben und Unten seiner Hölzer geachtet hat. Viele verschiedene Holzbauer in aller Welt, von Japan bis Europa, haben mir mit großer Gewissheit berichtet, dass diese Achtsamkeit beim Holzbau in ihrer Region und Kultur früher eine Selbstverständlichkeit war. Wenn alte Handwerksmeister an vielen Orten dieselben Maßnahmen zur Qualitätsverbesserung pflegten, ist das wohl kein Zufall.

Im Salzburger Freilichtmuseum von Großgmain habe ich mich deshalb nach dieser Verarbeitung von stehenden Hölzern umgesehen. Dieser Ort ist ideal. Nirgendwo findet man mehr alte Holzbauten an einem Fleck als in unseren wunderbaren Freilichtmuseen.

In Salzburg sind der alpinen Tradition folgend sehr viele Bauten in der liegenden Blockbauweise errichtet. Dennoch gibt es auch hier eine ganze Reihe von Wohnhäusern, Ställen und Scheunen mit mächtigen, stehenden, lasttragenden Säulen. Die allermeisten dieser Säulen sind deutlich sichtbar Originalteile, jahrhundertealt wie das ganze Gebäude. Das erkennt ein Fachmann an den genau passenden Holzverbindungen und an der gleich abgewitterten Oberfläche.

Ich untersuchte also alle auffindbaren, stehenden Säulen und teilte das Ergebnis ein in originale Säulen und in solche, die später ausgetauscht, ersetzt wurden. Alle alten Originalsäulen waren ausnahmslos gemäß der Wuchsrichtung wie im Wald eingebaut. Bei den später ersetzten Säulen hielten sich hingegen diejenigen, die auf dem Kopf standen, mit den aufrecht stehenden die Waage. Das kann nur so interpretiert werden, dass die alten Zimmerleute ganz genau und bewusst auf die Wuchsrichtung achteten. Nur so lässt sich eine hundertprozentige Trefferquote erreichen. Jahrhunderte später, beim Austausch einzelner Säulen – meist beim Übersiedeln der Gebäude in das Museum – wurde darauf nicht (mehr) geachtet. Der Zufall ergab dann die ausgeglichene Quote. Mir persönlich genügten diese Beobachtungen, um im eigenen Unternehmen tätig zu werden.

Dem Pöckl Hans, unserem Opa und all den alten Handwerkern ist es gedankt, dass meine Werksleiter unter einigen schlaflosen Nächten leiden mussten. Als wir vor über 20 Jahren unseren Betrieb auf die alleinige Verarbeitung von Mondholz umgestellt haben, war das noch relativ leicht zu bewerkstelligen. Das Unternehmen war damals deutlich kleiner und die Mengenflüsse überschaubar. Später sind dann unsere Mondholzlieferanten, insbesondere der steirische Waldverband mit all den Waldbauern, mit uns mitgewachsen. Es gab viele gemeinsame Stunden, Schulungen, Vorträge und Exkursionen. Heute sind die einzelnen Förster und Waldhelfer in den Ortschaften begeisterte Träger des Systems. Sie unterweisen die Bauern, zertifizieren die Holzpartien und überwachen die Kennzeichnung.

Bei der späteren Umstellung auf wuchsrichtungsmarkiertes Holz für alle Thoma-Holz100-Häuser hatten unsere Betriebsleiter wesentlich größere Mengen zu organisieren. Allerdings gibt es hier einen großen Vorteil. Diese Sortierung können wir allein, ohne Schulung vieler Lieferanten, im eigenen Sägewerk durchführen. Und die Wuchsrichtung am einzelnen eingebauten Brett oder Kantholz kann mit sehr großer Treffsicherheit auch im Nachhinein festgestellt werden. Nur so ist es ja auch möglich, im Freilichtmuseum und an allen historischen Bauten die Arbeitsweise der alten Meister in dieser Hinsicht nachzuvollziehen.

Woran sieht man nun, wo an einem Brett oder Balken oben und unten ist? Wie erkennt man, an welchem Ende des kantig geschnittenen Stückes Holz im Baum die Krone und die Wurzel waren?

Diese Information liefern die Äste. Um ein Gefühl zu bekommen, was so ein Ast leistet, der mehr oder weniger senkrecht vom Baum wegsteht, bitte ich Sie, das Lesen kurz zu unterbrechen. Stehen Sie auf und strecken Sie Ihren Arm waagrecht aus. Nehmen wir an, es ist Winter und auf dem Ast liegt eine dicke Schneeschicht. Der Ast trägt also auch noch ein ordentliches Gewicht. Um das zu spüren, empfehle ich, mit der ausgestreckten Hand eine Teekanne oder einen Krug Wasser zu halten. Sie werden staunen, wie schnell Ihr Arm in diesem ausgestreckten Zustand mit Teekanne ermüdet. Bald tut es richtig weh.

Was unternimmt man, wenn man versucht, den Arm trotzdem weiter gestreckt zu halten? Am besten ist es, den zweiten Arm zu Hilfe zu nehmen. Die Hand zum Ellbogen des gestreckten Armes wird nun einen Teil der Last abstützen und es gelingt länger, den Arm schön auszustrecken.

Genau das ist es, was Bäume auch tun, um ihre Äste abzustützen. An der Unterseite des an sich runden Astes wird als Stütze mehr Holz eingebaut. Diese Stütze am Stammansatz ist wirkungsvoll und der einfachste Weg, wie der Baum jene statische Aufgabe der weggestreckten Äste lösen kann.

Das hat zur Folge, dass ein Ast in seinem Querschnitt ganz selten genau kreisrund ist. An fast jedem Brett, am Balken, an der Säule sehen wir durch den Sägeschnitt Äste in ihrem Querschnitt. Wie auch beim Baumstamm bildet die Kernröhre den Mittelpunkt, um den dann die Jahresringe gewachsen sind. Dieser Kernpunkt eines Astes in der Holzoberfläche liegt im Gegensatz zum Baumstamm jedoch so gut wie nie genau in der Mitte. Er ist fast immer mehr oder weniger zur Krone hin gerückt. Der Abstand vom Mittelpunkt zur Wurzel ist größer, weil sich hier ja das nötige Stützholz in Form breiterer Jahresringe befindet. Unten, das Wurzelende eines Holzstückes, ist daher immer an der Seite, an der die Äste von ihrem Mittelpunkt aus betrachtet breiter sind.

Beginnen Sie die Holzoberflächen in Ihrer Umgebung zu beobachten, Sie werden staunen. Auch als Laie kann man am Astbild leicht erkennen, wo bei einem Stück Holz oben und unten ist.

Ist das nicht beeindruckend? Selbst die feinsten Unterschiede des Holzbildes werden vom inneren Wirken der Kräfte gezeichnet. Jede Maserung der Holzbilder folgt aus ihrer Funktion, ihrer Arbeit zum Erhalten der Existenz.

Die Bäume bilden es in ihrem Holz ab, das Leben mit all seiner Intelligenz, das es ermöglicht. Auch das gehört sicher mit zu den Gründen, warum Mediziner heute nachweisen können, wie sich unser Organismus im Holz stärkt und erholt. Es sind ja wesentlich die unbewussten Sinneswahrnehmungen, die erwiesenermaßen über das limbische System darüber entscheiden, ob unser Körper den erholsamen Entspannungszustand erreicht oder im schlimmsten Fall auch noch im Schlafzimmer den Stress des Tages fortsetzt. Das Bild eines Naturmaterials, in dem jede Zelle ihren Sinn hat,

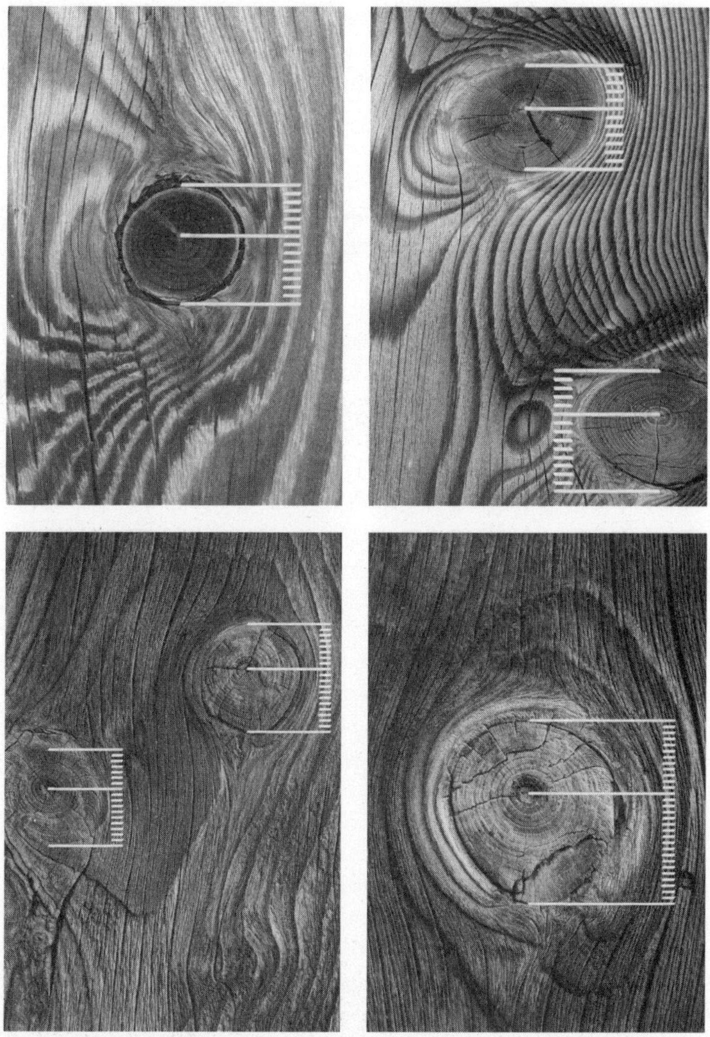

An Ästen im Nadelholz kann man gut erkennen, wo die Krone und die Wurzel waren. Der größere Abstand vom Mittelpunkt zum Astrand zeigt stets zur Wurzel.

wirkt neben Duft- und anderen Informationen auf unser Unterbewusstsein offenbar ganz anders, wohltuender als willkürlich und künstlich gestaltete Materialflächen. Dort, wo die Natur selbst mit gewachsenen Holzflächen die Wände unserer Häuser malt, entsteht die größte Geborgenheit.

Am Ende hat mich auch hier Opas Logik überzeugt. Er hat mich gelehrt, dass ein Stück Holz immer in verschiedener Form zum Bewohner, zum Kunden gebracht werden kann. Die Art, wie wir mit einem Material umgehen, hat wesentlich mit der Qualität zu tun, die am Ende bei den Menschen ankommt.

Für unseren Opa war es selbstverständlich, das Holz in der allerbesten Form zu verarbeiten. Mondholz, die richtige Wuchsrichtung, die handwerklich beste Verarbeitung, das waren seine Rezepte, die dazu geführt haben, dass seine Bauten auch heute noch allen Menschen Gutes tun. Solche alten Holzbauten werden nunmehr zu Liebhaberpreisen gehandelt. Sie haben ihren Wert nicht nur behalten, sie haben ihn gesteigert, während moderne Industriebaustoffe oft schon nach 20 oder 30 Jahren teuer als Sondermüll entsorgt werden müssen und eine Belastung darstellen.

Holz ist der Baustoff der Zukunft. Dass wir es in seiner besten Form verwenden, sollte eine Selbstverständlichkeit sein. Für jeden Zimmermann und Tischler, für den Waldbesitzer und Förster sollte es Erfüllung und Freude sein. Wer bei seiner Arbeit aus dieser Quelle schöpft, erntet den schönsten Lohn, den es gibt. Nichts kann uns im Beruf besser begleiten als die Liebe zur Natur und zu den Menschen. Ernten wir zur richtigen Zeit, stellen wir die Bäume nicht auf den Kopf, dann wird uns das Holz in seiner besten Form geschenkt.

Wirtschaftlich betrachtet verhält es sich ja wie beim Mondholz. Ob der Baum bei ab- oder zunehmendem Mond, im Sommer oder Winter gefällt wird, ist dieselbe Arbeit. Ob ein Stück Holz richtig oder auf den Kopf gestellt wird, kostet allenfalls ein wenig Achtsamkeit. Am Ende lohnt es sich aber immer, wenn wir jede Möglichkeit der Qualitätsverbesserung nutzen.

Wie davon selbst Menschen in der Stadtwohnung ihren Nutzen ziehen, lesen Sie im nächsten Kapitel.

DIE BÄUME KOMMEN IN DIE STADT

Die Wiederentdeckung des Holzes verbindet uns Menschen wieder auf heilende und stärkende Weise mit der Natur.

In diesem neu bewerteten Material Holz steckt viel mehr als nur technisch, statisch perfekt optimierte, wabenförmige Zellstrukturen. Es gibt dort auch Hunderte wunderbare chemische Verbindungen. Holzinhaltsstoffe sind es, die organische Zellen im Stamm durch Jahrhunderte hindurch jung und funktionsfähig erhalten. Dass diese lebensfördernden Stoffe ebenso auf uns Menschen stark und positiv wirken, ist heute durch die modernen Medizinwissenschaften anerkannt. Gemeinsam mit dem Grazer Universitätsprofessor Maximilian Moser konnte ich darüber im Buch „Die sanfte Medizin der Bäume" publizieren. Unser dort veröffentlichtes Pechsalbenrezept hat mir unzählige positive Reaktionen und Zuschriften mit Berichten über Heilungserfolge gebracht.

Es sind aber nicht nur Naturheilrezepte aus den Bäumen, die uns helfen. Großartig wirkt auch der Werkstoff Holz, wenn er uns in unseren Wohnräumen umgibt. Vielfältig wirkt er auf unsere Seele, auf unseren Organismus und auf unsere Psyche. Professor Moser hat dazu die bahnbrechenden wissenschaftlichen Nachweise geliefert.

Nach einer Radiosendung, in der ich über diese fantastische Wirkung von Holz in unserer Wohnung berichtete, erhielt ich einen Anruf, in dem ein Mann eine wichtige Frage stellte: „Wenn Holz so unglaublich unsere Gesundheit stärkt, dann frage ich mich, ob das nur jene Leute genießen können, die das Glück haben, sich

Bild links außen:
Das zehngeschossige Rathaus der Stadt Venlo in den Niederlanden. Die Holz100-Wände werden mit einer begrünten Fassade verkleidet. Die Bäume kommen in die Stadt und die Wiesen an die Hauswände.

Gewerbebau in München. Der Baustoff Holz ermöglicht eine bessere Wohn- und Arbeitsqualität auch in der Großstadt. Architekten: Lang, Hugger, Rampp GmbH.

ein Holzhaus bauen zu können. Was ist mit all den Menschen, die in der Stadt in gemauerten und betonierten Häusern wohnen? Die Mehrzahl der Menschen hat schließlich keine Möglichkeit, neu zu bauen. Es ist ja gerade für Menschen in der Stadt wichtig, sich als Ausgleich dieser Lebensbedingungen ein Stück Natur in die Stadt zu holen!“

Nach dem ersten Kontakt kam es zu einem Treffen mit Erich Holfeld, jenem Anrufer, der das wichtige Anliegen formulierte.

Um es vorwegzunehmen: Alle können mit einfachen Maßnahmen Holz in die eigenen vier Wände bringen und ihren Schlaf, ihre Erholung und Gesundheit unterstützen. Sehen wir uns aber vorher den Wirkmechanismus von Holz auf unseren Organismus an. Es ist der Schlüssel zum Verstehen, warum und wie jeder für sich diese Maßnahmen setzen kann.

In unserem Körper wohnt ein äußerst sensibles und genaues Messsystem, das nichts anderes tut, als Tag und Nacht die Umgebung zu überprüfen, ob irgendwo Gefahr für uns droht. Diese für unser Überleben höchst sinnvolle Einrichtung ist im Prinzip durch die ganze Menschheitsentwicklung hindurch ziemlich unverändert geblieben. Jenes System arbeitet sozusagen immer noch nach einer evolutionären Programmierung, die unter den Lebensbedingungen der Steinzeit entstanden ist.

Das Schalt- und Verarbeitungszentrum für die Messergebnisse aus der Umgebung befindet sich im entwicklungsgeschichtlich ältesten Teil unseres Gehirns, dem sogenannten Reptiliengehirn und angeschlossenen limbischen System. Zu unserem Vorteil arbeitet dieses „Rechenzentrum" ausnahmslos im sogenannten Unterbewusstsein. Es wären viel zu viele Eindrücke, viel zu viele Ablenkungen, wenn etwa jedes einzelne Geruchsmolekül, das einer der unzähligen Rezeptoren in der Nase meldet, in unserem Bewusstsein anläuten würde und wir antworten müssten: „Das kennen wir schon lange, es ist dampfende Erde, eine bestimmte Blume, die gerade blüht" usw. Oder wenn wir sagen müssten: „Halt, das ist völlig unbekannt, eine chemische Verbindung, die es früher nicht gab, das könnte gefährlich sein, wir geben einmal Teilalarm und setzen das Immunsystem und all unsere inneren Abwehranlagen in Bereitschaft."

Ohne dass wir es merken, läuft der Vorgang aber tatsächlich ständig so ab. Bei Tag im Wachzustand und auch bei Nacht im Schlaf werden Sinneswahrnehmungen geprüft, ob sie gefährlich sein könnten oder ob wir ruhig weiterschlafen und einfach nur entspannt bleiben dürfen.

Bei unzähligen Gerüchen und Sinneseindrücken, die das limbische System unentwegt verarbeiten muss, gelingt das nur im Unterbewusstsein, also automatisiert. Müssten wir jedes Geräusch, jede Bewegung, die wir im Augenwinkel gerade noch wahrnehmen, jeden Duft usw. bewusst gedanklich verarbeiten, wären wir total überfordert. Deshalb ist die Arbeit des limbischen Systems im Unterbewusstsein ein wahrer Segen. Diese Regelung hat aber auch ihre Tücken.

Das Unterbewusstsein arbeitet mit einem ganzen Archiv an Erfahrungswerten. Alle Sinneseindrücke, sämtliche Erfahrungen, die Menschen durch unzählige Generationen hindurch immer wieder gemacht haben, sind dort abgelegt. Bei jeder Meldung unserer Sinnesorgane von außen schaut der innere Computer nun nach, ob das schon einmal da war und kann durch die Erfahrung aus dem Archiv gleich sagen: „Das ist ungefährlich“, oder eben Alarm schlagen, Stress-, Flucht- oder Angriffshormone ausschütten und so für unser Überleben sorgen.

Kompliziert wird es nur dann, falls die Sinnesorgane eine Meldung machen, die im Archiv nicht bekannt ist. Nach dem Motto „Was wir nicht kennen, könnte gefährlich sein“ wird da in jedem Fall ein Teilalarm ausgelöst. Das bedeutet, dass es vorbei ist mit Ruhe, Entspannung und erholsamem Schlaf. Im Archiv unbekannt sind vor allem vom Menschen in den letzten Jahrzehnten hergestellte Chemikalien, die es in unserer Entwicklungsgeschichte nie gab. Da muss etwas nicht einmal hoch giftig sein. Es genügt bereits, dass es dem Körper völlig fremd ist, um Reaktionen auszulösen. Wenn es fremd und giftig ist, wie zum Beispiel synthetische Holzleime, Weichmacher, viele Lösemittel etc., dann ist es freilich noch schlimmer.

Wo sind nun Ruhe und Entspannung am allerwichtigsten? Natürlich im Schlafzimmer. Dort erholen wir uns, dort schöpfen wir neue Energie für den nächsten Tag. Ob es dem Körper gelingt, im Schlafzimmer in den Entspannungszustand zu gehen, der uns erst richtig Kraft schöpfen lässt, oder ob wir auch in der Nacht noch in einer Art Dauerstress bleiben müssen, hängt in ganz hohem Maß von dem Material ab, das uns umgibt. Ob wir uns bei geistiger Arbeit richtig gut konzentrieren und in Pausen wieder gut erholen können, das ist wieder in gleichem Maß stark davon abhängig, ob unser Körper rundherum altbekannte, wohlige und sichere Stoffe feststellt oder junge Chemikalien und Materialien riecht, fühlt, sieht, die im geerbten Archiv unbekannt sind. Im Idealfall bewegen wir uns in einer Umgebung, innerhalb von Materialien, die uns Menschen seit Jahrtausenden bestens vertraut sind. Das schafft Geborgenheit, Sicherheit und innere Stabilität.

In Beziehung auf Stress sind sich inzwischen alle namhaften Wissenschaftler und Ärzte einig. Grundsätzlich kann unser Organ-

system mit Stress gut umgehen. Aus entwicklungsgeschichtlich sehr verständlichen Gründen sind wir so gebaut, dass wir beim plötzlichen Auftauchen einer Gefahr sehr schnell reagieren können.

Unser inneres Lenkungsprogramm, unser Alarmsystem, ist im Wesentlichen noch immer für ein Leben in freier Natur als Jäger und Sammler ausgelegt. Die rasende technische Entwicklung des letzten Jahrhunderts mit einer totalen Veränderung unserer Lebensbedingungen ist so schnell geschehen, dass sich unser Körper keineswegs durch den üblichen Weg evolutionärer Anpassung hätte verändern können. Stresshormonausschüttungen in uns passieren also immer noch nach einem Muster, das für steinzeitliche Verhältnisse programmiert wurde. Wie war das früher?

Sagen wir, der Säbelzahntiger überrascht uns im Wald beim Beerenpflücken. Sobald die Gefahr entdeckt ist, schießt unser Körper ein wahres Stresshormonfeuerwerk ab. Das ist sehr gut so, denn es versetzt uns in die Lage, von „null auf hundert“ durchzustarten und

15 Gehminuten von der Frauenkirche im Zentrum von Dresden entfernt entstand diese Holzsiedlung. Vier Geschosse sind verputzt und das Penthouse ganz „holzig". Eines der Penthouses kann auch zum Probewohnen gemietet werden.

im glücklichsten Fall auf den nächsten rettenden Baum zu klettern, ehe der Tiger zuschnappt. Maximaler Stress ermöglicht uns also den lebensrettenden Blitzstart. Unmittelbar nachdem wir damals einem wilden Raubtier glücklich entkommen waren, galt es die nächste Aufgabe zu bewältigen. All die Stresshormone und innerlich ausgeschütteten Botenstoffe müssen nämlich abgebaut werden, sonst würden sie uns belasten und krank machen.

Stressabbau funktioniert nun am besten, wenn wir nach der Aufregung zwei Dinge tun. Als Erstes sollte Bewegung, körperliche Anstrengung kommen. Das war ja früher durch Flucht vor dem wilden Tier oder auch durch einen Kampf stets der Fall. Sobald das überstanden ist, braucht es eine tiefe, erholende Entspannung. Nach dem Weglaufen vor dem Säbelzahntiger und dem rettenden Klettern auf den Baum kam das ruhige Sitzen oder Liegen auf einer Astgabel oder sonst wo.

Auf diese Weise kann unser Körper sonst schädliche Stressstoffe am besten beseitigen. Spannung und Entspannung ist die Lebensweise, bei der uns Stress am wenigsten schadet. Anstrengung und Ausruhen – dieses Wechselspiel sind wir seit Anbeginn gewöhnt. Genau das ist es, was uns fit und gesund hält.

Die gute Botschaft daraus lautet: Wir können grundsätzlich mit Stress aller Art gut umgehen. Es wäre ja auch völlig lebensfremd, würde man versuchen, sein Leben ohne jeden Stress, ohne jede Herausforderung zu organisieren. Ein Leben ohne jegliche Aufregung, ohne Beanspruchung und ohne Stress wäre ebensowenig gesund. Es würde in die Depression führen. Allerdings brauchen wir zum erfolgreichen Stressabbau hinterher die körperliche Bewegung und dann richtig ungestörte Entspannungsphasen.

Im modernen Leben läuft es aber ganz anders. Wir sind nicht mehr Jäger und Sammler, die mit den Gefahren einer wilden Naturlandschaft leben müssen. Anstelle des Säbelzahntigers kommt Stress durch Telefon- oder E-Mail-Botschaften in unser Leben. Oder die Stressausschüttungen etablieren sich als Dauerzustand, weil unser limbisches System durch Umgebungschemikalien ständig Alarm schlägt. Wer immer zwischen ausgasenden Spanplatten, Plastikmöbeln und geschäumten Dämmstoffwänden wandelt, der braucht nicht einmal einen schimpfenden Chef, um gestresst zu sein. Wie auch immer, wir können in allen Fällen nicht mehr durchstarten, durch körperliche Anstrengung sofort die Stresshormone abbauen. Nein, wir bleiben vielmehr zwischen den vier Wänden unseres Hauses, Büros oder Arbeitsplatzes und behalten den „Stresshormonsumpf" in uns. Anstatt unmittelbar nach der inneren Stresshormonausschüttung zu rennen oder auf den nächsten Baum zu klettern, sind wir gezwungen, ganz ruhig sitzen zu bleiben.

Für unseren Körper stellt das eine Reaktion dar, auf die er überhaupt nicht vorbereitet ist. Er braucht ja Bewegung, um Stresshormone wieder abzubauen. Wir hingegen bleiben hocken, rauchen vielleicht noch eine Zigarette, trinken Kaffee oder konsumieren Zucker, Schokolade oder sonst etwas aus gesundheitlicher Sicht wenig Hilfreiches.

Kurzum, unsere moderne Lebensweise führt zum inneren Dauerstress. Dauerstress ist aber eine der wesentlichen Ursachen für die drei häufigsten tödlichen Krankheiten: für Herz-Kreislauf-Erkrankungen, Krebs und Demenz beziehungsweise Alzheimer. Daneben werden beinahe alle Zivilisationskrankheiten, von Allergien, ADHS, dem „Zappelphilippsyndrom" hauptsächlich bei Kindern, über Diabetes und Neurodermitis, Fruchtbarkeits- und Potenzprobleme bis hin zu Schlafproblemen, mit Dauerstress in Zusammenhang gebracht. Gut gemeinte Ratschläge und Bücher, die diese Ursachen und Auswirkungen aufzeigen, gibt es sehr viele. Bewegung in der Natur lautet der häufigste Ratschlag, um dieser Falle zu entkommen. Es ist absolut einleuchtend, dass mehr Zeit in der Natur, beim Waldspaziergang oder in einem schönen Garten nicht nur unserer Seele guttut, sondern auch im Organsystem handfest messbare Verbesserungen zeitigt.

Trotzdem sind die Möglichkeiten der Umsetzbarkeit in einem modernen Leben leider begrenzt. Eltern, die ihre Kinder gerade durch das Schulsystem und durch alle zusätzlichen Veranstaltungen lotsen, können ein Lied davon singen, wie angefüllt bereits der Stundenplan der Kleinen ist. Wie soll man da für ein Kind in der

Stadt zusätzlich noch gemütliche Nachmittage im Wald einplanen? Den Menschen im Berufsleben geht es nicht besser. Zwischen Familie, Beruf und dem Wenigen an sozialen Kontakten in der Freizeit bleibt kaum noch Zeit für weitere Aktivitäten. Die Realität unseres modernen Lebens ist einfach ein dicht gefülltes Terminprogramm, das wir Tag für Tag zu einem großen Teil zwischen vier Wänden abwickeln. Es gibt aber eine wirkungsvolle Möglichkeit, genauso wie es unsere menschliche Natur braucht, Tag für Tag aus dem Dauerstress auszusteigen und richtig tiefe Entspannung, Erholung und gesunde Lebenskraft zu finden – ohne zusätzlichen Zeitaufwand, Übungen, Meditationen oder Ähnlichem. Hier kommen unsere Bäume und ihr Holz ins Spiel.

Ich weiß schon, das klingt nach einem ganz großen Versprechen. Aber prüfen Sie es selbst kritisch und versuchen Sie es einfach. Die Wirkung ist tatsächlich überraschend und bei jedem Menschen medizinisch messbar. Professor Moser von der Medizinischen Universität Graz konnte die Einsparung einer Stunde Herzarbeit pro Nacht nachweisen, wenn wir in reinem Holz schlafen und verbreitete Umweltgifte dabei ausgeschaltet sind. Trotz aller Modernität in unserem Leben ist eines glücklicherweise immer noch gleich geblieben. Wir können nur gut und gesund leben, wenn wir täglich am Abend schlafen gehen. Rund ein Drittel unserer Lebenszeit verbringen wir nach wie vor im Bett. Die Art und Weise, wie wir unseren Schlafplatz gestalten, kann sehr viel zusätzliche Belastung bringen, sie kann aber umgekehrt zu einem Quell der Lebenskraft und Gesundheit werden.

Diese Wirkung beruht auf der einfachen, wissenschaftlich abgesicherten Tatsache, dass wir wesentlich vitaler, konzentrationsfähiger und besser drauf sind, wenn wir in der Nacht frei von allen inneren Alarmbereitschaften ruhen können. Erklären wir also unser Schlafzimmer und die Zimmer der Kinder zum heiligen Raum, in dem es keine Irritationen für unser limbisches System gibt. Mit einigen einfachen Maßnahmen kann hier jeder seine Gesundheit stärken und statistisch gesehen sogar das Leben verlängern – egal, ob Sie in der Stadt in einem Betonturm leben oder in der glücklichen Lage sind, sich selbst ein Traum-Holzhaus zu bauen. Es sind drei Regeln, die unser Schlafzimmer zur Energietankstelle machen:

1. Das Reinheitsgebot: Entfernen Sie alles, das im Verdacht steht, ausgasende Chemikalien zu enthalten. Also keine Teppichböden, kein verklebtes Fertigparkett und Laminate, keine Spanplattenmöbel. Leime, Kleber, Lacke und sonstige Chemikalien werden entfernt.
2. Naturmaterial Holz: An Wänden, auf dem Fußboden und an der Zimmerdecke sowie in den Möbeln so viel reines Holz wie möglich. So beruhigen wir unseren Pulsschlag und erreichen die gewünschten Körperwerte. Nachdem im Schlafzimmer die geringste Beanspruchung an die Oberflächen besteht, wird das Holz möglichst unbehandelt, also gehobelt oder geschliffen belassen. Reinigung ist jederzeit mit Schmierseife und/oder Schleifpapier möglich. Neben Holz eignen sich noch Naturstoffe wie Lehm.
3. Strahlungsfreiheit: Ein Netzfreischalter, der von einer autorisierten Elektrofirma so installiert ist, dass auch alle Kabel im Zimmer spannungsfrei sind, ist ein Muss. Diese Wirkung kann mit einem Spannungsprüfer von jedem Fachmann und/oder Baubiologen leicht vor Ort gemessen werden. Wir sind den ganzen Tag umgeben von Spannungsfeldern. Die Entspannung in der Nacht lässt uns das weitaus besser ertragen.

Bei der Frage, wie viel Holz eingesetzt werden kann und soll, gilt nicht nur im Schlafzimmer stets die Regel „Mehr ist besser“.

Wer einen Teppichboden oder verklebten Laminatboden durch reines Holz ersetzt, der hat sich selbst bereits etwas sehr Gutes getan. Wer auch noch Wände und Decken mit Fichte, Tanne oder Zirbe verkleidet, der macht es noch besser. Das Vollholzbett und -möbel sollten selbstverständlich sein.

Es ist übrigens für die Wirkung ziemlich belanglos, ob Sie die teure Zirbe oder wesentlich günstigere Fichten- oder Tannenbretter verwenden. Die Größe der Fläche, die mit Holz verkleidet wird, ist viel wichtiger. Das zeigen die Untersuchungen mit den drei Holzarten eindeutig. Was die Zirbe kann, das können Fichte und Tanne auch.

Viele Menschen wollen sich eine Holzoberfläche ohne Anstrich gar nicht vorstellen. Machen Sie das im Schlafzimmer bitte nicht. Auch nicht auf dem Fußboden. Im Schlafzimmer benutzt man ja ohnedies keine Straßenschuhe. Ein völlig unbehandelter Nadelholzboden ist viel wärmer und angenehmer, wenn man aus dem Bett steigt. Zur Pflege genügen der normale Staubsauger und allenfalls ein feuchtes Wischen mit Seifenlauge in relativ langen Intervallen.

Nur dort, wo Böden stark beansprucht werden, wie etwa in der Küche, im Eingangsbereich usw., verwenden wir natürliche, pflanzliche Bodenöle. Versiegelungen sind tabu. Sie würden wieder eine dichte „Plastikhaut" über das Holz ziehen.

Ich kenne persönlich eine ganze Reihe von Menschen, die ihren Schlafraum so umgestaltet und verbessert haben. Alle, ohne Ausnahme, fühlen sich jetzt wohler und berichten von besserem Schlaf. Ist das nicht ein Segen, ein Geschenk aus dem Wald?

Diese Maßnahmen können nachträglich in jeder Stadtwohnung umgesetzt werden. Im Neubau sollten sie selbstverständlich von Anfang an so geplant werden. Gemeinsam mit einem Maß an regelmäßiger Bewegung und bewusster Ernährung hat jeder Mensch eine Verjüngungskur an der Hand, die wir nur annehmen müssen. Immerhin, so sagen Biologen und Mediziner, ist unser Organismus für eine Lebensdauer von 120 Jahren gebaut. Warum sollen wir mithilfe der Natur nicht voller Freude aus diesem Potenzial schöpfen?

GUTES HOLZ FÜR ALLE

Vor allem durch die wissenschaftlichen Erkenntnisse der beiden letzten Jahrzehnte stellt sich der Baustoff Holz vollkommen neu dar. Es gibt keine Zweifel mehr: Vom Wohnhaus bis zum Kindergarten, vom Krankenhaus bis zum Bürogebäude, vom Hotel bis zum Wohnraum – für unseren letzten Lebensabschnitt ist Holz die beste Wahl.

Das gilt an erster Stelle für die Wirkung auf unsere Gesundheit, Konzentrations- und Leistungsfähigkeit. Es gilt aber auch für die Lösung von Fragen der Energiewende und des Klimawandels. Passivhäuser mit Styropor und überbordender Technik werden uns hier nicht weiterhelfen. Erst energieautarke Häuser aus dem nachwachsenden Holz sind wirklich enkelkindertauglich.

Und schlussendlich ist die Bauwirtschaft dieser Welt der Sektor, der am meisten Material bewegt und heute mit Abstand am meisten Müll verursacht. Die Veränderung von der Wegwerfgesellschaft hin zu einer Kreislaufwirtschaft, die so wie in der Natur alles Material immer wieder verwenden kann, wird beim Bauen auch nur mit chemisch unbehandeltem, reinem Holz gelingen.

Zusammenfassend ist das ein Plädoyer für Holz, das nicht widerlegt werden kann. Trotzdem bleibt da noch eine ganz große Frage offen: Haben wir genug Holz, oder würden wir die Wälder wieder plündern, wenn wir alles mit Holz bauen?

Sehen wir uns dazu einige Zahlen an.

Land	Jährlicher Holzzuwachs	Jährliche Holzernte im Durchschnitt der letzten Jahre
Deutschland	95 Mio. cbm	ca. 70 Mio. cbm
Österreich	30 Mio. cbm	ca. 18,5 Mio. cbm
Schweiz	10 Mio. cbm	ca. 7 Mio. cbm

Quelle: Bundeswaldinventuren bzw. Forst- und Holzverbände der Länder; cbm = Kubikmeter

Mit Kubikmeter (cbm) sind immer sogenannte Vorratsfestmeter (Vfm) gemeint. Damit bezeichnen die Forstleute das gesamte Holz eines Baumes. Also nicht nur die dicken Stämme für das Sägewerk, sondern auch dünne Wipfel, Schleifholz für die Papiererzeugung oder auch Brennholz.

In Österreich wurden in den letzten 20 Jahren je nach Wirtschaftslage, Stimmung und Konjunktur rund 5.000 bis 10.000 Ein- und Zweifamilienhäuser pro Jahr gebaut. Nehmen wir hier einen Durchschnittswert von 7.500 Häusern pro Jahr an. In Deutschland liegt dieser Wert ganz grob um das Acht- bis Zehnfache höher. Das entspricht auch dem Verhältnis der Einwohner beider Länder.

Würden all diese Häuser in einer massiven Vollholzbauweise errichtet werden, so bräuchte man dafür in Österreich circa 0,65 Millionen Kubikmeter Schnittholz pro Jahr. Geerntet werden hier aber 18,5 Millionen Festmeter Rundholz, was als fertiges Schnittholz immer noch mehr als die zehnfache Menge an Schnittholz aus dem Sägewerk ergibt. (Vom Rundholz müssen Papier- und Brennholzstücke abgezogen werden, ebenso Sägemehl und Resthölzer beim Einschnitt im Sägewerk.)

In Österreich wächst also Jahr für Jahr zehn Mal mehr Holz nach, als für alle Ein- und Zweifamilienhausneubauten benötigt werden würde, errichtete man diese nur mehr in Vollholzbauweise.

Holz-Kita in München: In unseren Wäldern wächst mehr Holz, als wir benötigen – wir müssen künftig aber besser damit umgehen.

Der Bedarf für ein durchschnittliches Haus wurde hier mit 85 cbm angenommen.

In Deutschland würde man für zehn Mal so viele Häuser rund 6,5 Millionen Kubikmeter fertiges Schnittholz benötigen. Geerntet werden 95 Millionen Kubikmeter Rohholz. Daraus können mindestens 34 Millionen Kubikmeter Schnittholz erzeugt werden. Hier ist der Zuwachs rund fünf Mal so hoch wie der rechnerische Bedarf für alle Ein- und Zweifamilienhäuser.

In waldreichen Gegenden wie Skandinavien oder Nordosteuropa ist das Verhältnis von der Waldfläche zu den dort lebenden Menschen beziehungsweise nötigen Bauten noch deutlich holzlastiger. Es wächst also noch viel mehr Holz nach, als jährlicher Bedarf für all unsere Wohnhäuser besteht.

Dabei haben wir hier die zweite große Holzquelle noch gar nicht berücksichtigt. Hätten wir Menschen bereits vor 50 Jahren erkannt, dass Massivholzbau ohne Chemie gesünder, ökologischer und vor allem wieder verwendbar ist, so würden wir heute, fünf

Jahrzehnte später, unglaublich viele Holzhäuser, Vollholzhäuser mit Dübel verbunden, auf dem Land und in Städten stehen haben. Solange das Dach dicht ist, gehen diese Häuser nicht kaputt. Sie stehen jahrhundertelang ihren Nutzern zur Verfügung und tun ihren Dienst, wie wir es von den uralten Holzbauten in dieser Welt kennen.

Trotzdem werden in unserer Welt Straßen gebaut, ganze Wohnviertel verändert und oft Bauten entfernt, die noch funktionsfähig sind. Heute fällt dabei meist Bausondermüll an, der teuer entsorgt werden muss. Handelte es sich dabei aber um verdübelte Holz100-Bauten, so könnte man aus ihnen wieder neue Holzhäuser erzeugen. Genauso, wie die massiven Wände und Deckenelemente zusammengeschraubt werden, lassen sie sich auch wieder auseinanderschrauben. Die zerlegten Bauteile können dann wieder zurück in das Produktionswerk gefahren werden. Die Holz100-Werke sind so gebaut, dass Roboter die Dübel aus zurückgenommenen Holzelementen herausbohren können. Nun werden Brett für Brett, Pfosten für Pfosten aneinander- und aufeinander gelegt. Es ist ja durch und durch nichts als reines Holz. Und flugs können daraus wieder neue Häuser entstehen. Aus Altem wird Nagelneues. Das ist der Grundsatz der genialen Kreislaufwirtschaft des Waldes. Ein Baum wirft seine alten Nadeln ab und die Ameise baut daraus ihr superintelligent klimatisiertes Haus. Zieht das Ameisenvolk später aus, verwendet wieder jemand das Material und die Behausung. Alles wird immer wieder verwendet. Abfall gibt es nicht. Baustoffe werden auf der gleich hohen Verwendungsstufe erneut als Baustoff verwendet.

Dieser Weg schafft Unabhängigkeit, Freiheit und Lebensqualität vor Ort – ohne weite Transporte, ohne Ausbeutung anderer Kontinente. Hätten wir also schon vor 50 oder gar 100 Jahren alles mit unvergiftetem Mondholz gebaut, könnten wir gegenwärtig aus dem Rücklauf dieser Bauten einen großen Teil unseres Materialbedarfs für den Neubau decken. Wenn wir wenigstens heute beginnen würden, den Bau endlich auf den nachwachsenden Rohstoff Holz umzustellen, dann kämen unsere Enkel und Urenkel in die bequeme Lage, dass ihre Häuser künftig keine Sondermüllansammlung darstellen, sondern aus dem werthaltigen Rohstoff Holz bestehen.

Sobald wir diesen Idealzustand erreicht haben, wird der Wald als Rohstofflieferant noch einmal entlastet. Eine zweite Holzquelle, der Rückbau ausgedienter Gebäude steht den Menschen dann zur Verfügung.

Obwohl wir heute auf der Nordhalbkugel der Erde bereits sagen können, dass in unseren nachhaltig bewirtschafteten Wäldern ein Mehrfaches der benötigten Holzmenge nachwächst, gibt es in den südlichen Regenwäldern immer noch Plünderung, Brandrodung und haarsträubende Vernichtung. Es klingt richtig paradox. Der Regenwald wird vor allem deshalb zerstört, weil dort Soja, Palmöl und andere Plantagen angelegt werden, damit die Nordhalbkugel wieder beliefert werden kann. Es ist nicht oder kaum die Holznutzung, die diese Zerstörung auslöst. Der Wald wird meistens verbrannt, um Produkte zu erzeugen, die wieder zu uns transportiert werden. Der Wald wird dort zerstört, weil er anderen Nutzungsformen, weil er dem schnellen, sehr kurzfristigen Geldgewinn weichen muss.

Dort, wo Menschen im Wald ernten, das Holz für ihre Häuser verwenden, weil es das gesündeste, beste Material ist, herrscht Wertschätzung für den Wald. In Deutschland, Österreich und in der Schweiz hat die Waldfläche seit den 1950er-Jahren kontinuierlich zugenommen.

Die Nachhaltigkeit der mitteleuropäischen Forstwirtschaft ist weltweit gesehen das ökologisch beste und erfolgreichste Modell. Bravo und danke an alle Förster, Waldbauern und mit ihnen kooperierenden Menschen in der Verarbeitungskette, dass es in der modernen Wirtschaft auch solche Beispiele gibt. Die gelebte Nachhaltigkeit der Forstwirtschaft ist heute beispielgebend für unsere Gesamtökonomie.

Global gesehen wird der Wald dort am besten geschützt und am nachhaltigsten bewirtschaftet, wo sein Holz geerntet wird und die höchste Wertschätzung in der Gesellschaft erlebt.

Auch im kommunalen Bau liefern die Bäume den idealen Baustoff. Das Probelokal im Mehrzweckhaus der Gemeinde Texing in Niederösterreich mit großartiger Akustik. Aus der Gemeinde wurde auch der Rohstoff geliefert. Jeder Waldeigentümer kann sein eigenes Holz verwenden. Ausführung Holz100-Bau Zimmermeister Fellner, Architektur: Architekturbüro Dollfuß, Bild: www.leofellner.com

Dieser Schutz ist noch besser als jeder Nationalpark. Ein Nationalpark im Regenwald ist wunderschön. Aber was hilft eine winzige Parkfläche, wenn rundherum alles zerstört wird? Das soll nicht falsch verstanden werden. Nationalparks, insbesondere unberührte Urwälder, sind absolut wertvolle Mosaikstücke. Aber noch wichtiger ist die Veränderung unseres Lebens hin zur Kreislaufwirtschaft. Erst wenn wir uns hier in Europa, in den reichen Ländern der Nordhalbkugel selbst mit Rohstoffen und Energie versorgen können, hört die Zerstörung in den ausgebeuteten Ländern auf.

Holz aus dem Wald haben wir jedenfalls nicht nur für Ein- und Zweifamilienhäuser in Fülle. Auch für die Objektbauten der Stadt wächst mehr als genug im Wald nach.

Knapp kann es nur dann werden, wenn wir alles Holz nehmen und mit giftigen chemischen Klebstoffen zu immer noch kurzlebigeren Wegwerfprodukten verarbeiten. Spanplattenmöbel, die eine Übersiedelung kaum überleben, Häuser mit synthetischen Baustoffen, die schwitzen und schimmeln, sind schlussendlich die teuersten Produkte. Möbel, die vererbt werden, Häuser, die nach Jahrhunderten noch geliebt und bewundert werden, sind die guten Beispiele für die Zukunft.

Beginnen wir heute noch auf die Natur zu setzen. Kaufen wir Möbel aus reinem Holz, die über Generationen ihren Zweck erfüllen. Und bauen wir endlich Häuser, die uns gesunden lassen – Häuser aus den nachwachsenden Bäumen unserer Wälder.

Wenn es um die Holzentnahme aus unseren Wäldern geht, dann soll noch ein weiterer Aspekt erwähnt werden. In den allermeisten Waldstandorten sind Mischwälder ökologisch stabiler und gesünder als Monokulturen mit nur einer Holzart.

Durch die mechanische Verbindung der Holz100-Häuser können diese aus allen möglichen Holzarten gebaut werden. Die Verdübelung erlaubt bei der Auswahl der Holzarten viel mehr Kombinationsmöglichkeiten, als wir es bisher aus der verleimenden Holzindustrie kennen. Wir haben zum Beispiel in Versuchen mit Zitterpappel, Birken und anderen Laubhölzern erfolgreich zeigen können, dass sich auch aus diesen Bäumen wunderbare Häuser bauen lassen. Das ist besonders für jene Förster, die sich um die Begründung von Mischwäldern bemühen, eine gute Nachricht. Ihnen wird oft vorgeworfen, dass viele Hölzer aus den bunten Wäldern gar nicht verkäuflich und ihre Mischwälder zwar schön, aber unwirtschaftlich seien.

Wie angenehm ist es zu hören, dass das für den Menschen gesündeste Holzbausystem auch die gesündesten Wälder hervorbringt.

Wer alle Hölzer gut und wertschätzend erntet und verarbeitet, der bietet dem Mischwaldförster am Ende die wichtigste und beste Unterstützung. Gesunde Wälder sind letztlich eine wichtige Grundlage für unsere eigene Gesundheit.

Bäume leben für ihre Kinder. Holz ist das Material für eine gute Zukunft unserer Kinder.

2 MONDHOLZ

HISTORISCHES

Wendet sich jemand den Bäumen zu, so landet er bald bei einer der folgenden merkwürdigen Gestalten. Manchmal hoch aufgerichtet oder gebückt und gewunden, einmal mächtig, hart und stark, ein anderes Mal biegsam, zart, mit dünnen, im Wind schaukelnden Ästen – sie begegnen uns in so vielen Kleidern, unsere Bäume. Aber immer leben sie in anderen Zeiträumen als wir Menschen. Sie sind nicht nur die größten Pflanzen dieser Erde, sondern auch die ältesten. Beinahe 10.000 Jahre zählen die ältesten lebenden Bäume, die wir Menschen derzeit kennen und in den Wäldern gefunden haben.

Lange Zeit galten Kiefern am Rande nordamerikanischer Wüstengebiete mit ihren 5.000 Jahren als älteste Bäume der Erde. Der langsame Wuchs in diesem trockenen Gebiet hat das möglich gemacht. Doch Anfang der 2000er-Jahre entdeckten Forscher in einem ebenso kargen Gebiet im kalten Schweden Fichten, die rund 9.600 Jahre alt sind. Das ist für uns kaum vorstellbar. Diese Bäume sind zu einer Zeit gekeimt, in der wir Menschen noch in tiefer Steinzeit lebten – in Höhlen, bestenfalls gab es schon Pfahlbauten. Dieselbe Fichte, die damals zaghaft auf dem moorigen Humus keimte, steht immer noch als Baum da. Jahr für Jahr treibt sie neue kleine Triebe aus, bildet ihre Zapfen und Samen und versucht ihre Art so zu verbreiten. Für uns Menschen ist eine Lebenszeit von hundert Jahren bereits etwas Außergewöhnliches. Bäume zeigen uns da ganz andere Dimensionen – eben bis zum Hundertfachen.

Aber nicht nur in den Wäldern sehen wir sie viel länger leben, als uns das möglich ist. Auch ihr Holz hält so manche Überra-

Buddhistische Tempel wie hier in China halten länger als tausend Jahre. Heute wissen wir, dass auch dabei Mondholz im Spiel war.

schung für uns bereit. Auch hier werden oft unglaubliche Zeiträume unbeschadet überdauert. Allein die Bauwerke, die Menschen aus den Bäumen, aus reinem Holz geformt haben, geben uns so manches Rätsel auf. Da sind die asiatischen Holztempel, die nicht nur Jahrhunderte, sondern bald zwei Jahrtausende schadlos überstanden haben. Von buddhistischen Mönchen kunstvoll auf und aus mächtigen Baumstämmen gebaut, künden solche menschlichen Monumente von all den Möglichkeiten, die in Bäumen verborgen liegen.

Auf meinem Schreibtisch steht ein kleines Wurzelstück. An sich nichts Besonderes, wäre es nicht dunkelschwarz gefärbt. Es stammt von einer Mooreiche, einem Eichenstamm, der vor vielen tausend

Jahren in einem Moor versunken ist und den man erst jetzt wieder vollkommen unversehrt gefunden und ausgegraben hat. Solche Mooreichen gibt es bis zu einem Alter von 8.500 Jahren.

Allein diese drei Beispiele zeigen uns, wie dauerhaft so ein Stück Holz der Zeit, der Verwitterung, der Vergänglichkeit widerstehen kann. Wie geht das? Welches Geheimnis steckt da dahinter? Könnte diese Weisheit der Natur auch für uns Menschen nützlich und hilfreich sein?

Gleichzeitig kennen wir alle auch den Zaunpfahl, der oberirdisch zwar mit Moos und Flechten bewachsen ist, aber sonst noch fest und gut zu sein scheint. Am Übergang zwischen Erde und Luft, dem sogenannten Tag- und Nachtbereich jedoch, ist so ein Pfahl nach mehreren Jahren oder Jahrzehnten oft restlos durchgefault und aufgelöst.

Jeder von uns weiß um die alten Baumstöcke im Wald, die einst so mächtige Bäume auf ihren Wurzeln getragen haben. Der Stamm wurde geerntet, der Wurzelstock bleibt zurück. Zuerst noch fest und unversehrt, doch bald schon fällt die Rinde ab. Ein Heer von sichtbaren und für uns auch unsichtbaren Bewohnern und Bearbeitern des Holzstrunkes zieht nun ein. Die wechselnde Feuchte von Regen und Sonnenschein, die Luft, der Sauerstoff öffnen ihm die Tür in das Poren- und Zellenreich des sonst so harzverschlossenen Baumstammes. Nach zehn, 20 oder 30 Jahren ist es dann so weit. Der feste, im Boden einst unverrückbare Wurzelstock zerfällt süßlich riechend in weichen Moder. Bereitwillig gibt er seinen Widerstand auf und geht zurück zum Humus des Waldbodens. Bald wird hier niemand mehr eine Spur vom früher so stolz aufragenden Hochwaldbaum erkennen. Sogar seine Wundermittel für die sonst so lange Haltbarkeit, die Harze, Säuren und natürlichen Konservierungsstoffe, sind jetzt verschwunden.

Was ist das für ein Widerspruch? Hier die 8.000-jährige Mooreiche, immer noch festes, beständiges Holz, und dort der Moderstock, bald schon wieder Erde und Humus. Hier die grandiose Tempelanlage, 1.600 Jahre alt, nur reines Holz, wertvoll, bewundernswert und gut erhalten wie eh und je, dort der alte Zaun, nach

30, 40 Jahren am Ende seines Dienstes, die Reste bestenfalls noch als Brennholz zu gebrauchen. Wie wird Holz vom vergänglichen Material zum Stoff, der Jahrtausende der Verwitterung unbeschadet standhalten kann?

Eine scheinbar einfache Frage, die für die Menschheit aber immer schon große Bedeutung hatte.

Solange es uns auf dieser Erde gibt, waren und sind wir auf unsere Bäume angewiesen. Den ersten Schutz gewährten sie uns als Hölzer, mit denen Höhlen verbarrikadiert wurden. Oder denken wir an die Pfahlbauten im Nahbereich des Wassers, damit gefährliche Landtiere nicht so leicht in die steinzeitlichen Behausungen eindringen konnten. Das Holzfeuer ließ uns überleben, hölzerne Jagd- und Arbeitsgeräte brachten Nahrung, Schiffe, ja sogar die ersten Fluggeräte bestanden aus Holz.

Doch stets und bei allen Verwendungen des gewachsenen Baummaterials stellte sich die Frage der Haltbarkeit. Aus allen menschlichen Kulturen, die Holz verarbeitet und darüber Aufzeichnungen oder Informationen hinterlassen haben, gibt es Berichte über uraltes Wissen zu diesem Thema.

Neben technischen Hinweisen, wie Holz zu verarbeiten ist, wurden stets Maßnahmen ergriffen, um das Holz selbst dauerhafter, in besserer Qualität und Haltbarkeit aus dem Wald zu gewinnen. Ganz wesentlich waren die Wahl der richtigen Holzart sowie der richtige Fällzeitpunkt. Praktisch jede Kultur unserer Vorfahren hat erkannt, dass Bäume tief eingebettet in Zeitrhythmen der Natur wachsen und ihre Qualität und innere Zusammensetzung diesen Zeiten folgen lassen. Die Zeit der Saftruhe sowie die Ernte bei abnehmendem Mond bilden dabei den roten Faden, der sich durch die Geschichte von Mensch und Baum zieht.

MONDHOLZ IM ALTEN ROM

Um uns einen Eindruck von den Anforderungen und Ideen solcher alter Holzbaumeister zu verschaffen, unternehmen wir zuerst eine

Zeitreise zurück in das Rom von Gaius Julius Cäsar. Er lebte im Jahrhundert, bevor Jesus Christus auf die Welt kam. Rom war damals die unumstrittene Supermacht auf dieser Erde. Nicht nur über den Mittelmeerraum, auch weit nach Norden über die Alpen hinauf reichte das Römische Reich. So ein Imperium zusammenzuhalten, die Macht und Gesetze aus Rom überall durchzusetzen, stellte mit den damaligen Mitteln eine wahrhaft monströse Aufgabe dar. Ohne Kommunikation, Telefon, ohne schnelle Reiseverbindung – wie sollte das dauerhaft gelingen? In jener Zeit bildete das Thema Verkehr zu Wasser und zu Lande einen ganz wichtigen Faktor für den Machterhalt. Schnelle Bewegung der Legionen war ebenso entscheidend wie die rasche Übermittlung von Nachrichten. Nicht umsonst können wir heute noch an vielen Orten, zum Beispiel auf hohen Alpenübergängen, die kunstvollen Trockenmauerwerke alter Römerstraßen bewundern. Zumindest so schnell wie auf den Landstraßen konnten Güter und Soldaten sowie Boten und Informationen auf

Mondholz war wegen seiner höheren Haltbarkeit im antiken Schiffsbau so wichtig, dass es im Rom des Julius Cäsar gesetzlich vorgeschrieben war. (Symbolbild für eine antike Galeere)

dem Seeweg, auf Schiffen über das Meer befördert werden. Schiffe, groß und klein, die ganze Flotte Roms war für den Kaiser ebenso wichtig wie die Legionen selbst. Wer die beste Flotte besaß, der beherrschte das Meer. Und das Mittelmeer war damals der politisch wichtigste Kulturraum. Die antiken Herrscher, nicht nur in Rom, wussten das ganz genau. Für die herrlichen Wälder der südlichen Mittelmeerländer begann damit allerdings ein trauriges Kapitel. Der Begriff Nachhaltigkeit war zu jener Zeit noch unbekannt. Der Wald wurde rücksichtslos geschlägert und für den Schiffsbau verwendet. In diesem Wettrüsten hatten alle Herrscher stets die Vormacht auf dem Meer im Auge. Die Schiffsbaumeister wurden gnadenlos angetrieben. Nur an den Wald, der alles hergab, dachte niemand. Niemand kümmerte sich um Wiederaufforstung, keiner achtete auf die Bewahrung der lebenswichtigen Humusschicht. Die Folgen sehen wir jetzt in vielen Landstrichen des Südens. In Meeresnähe ist alles verkarstet. Wo einst wunderbare Wälder dufteten, stößt man nunmehr auf nackten Fels, bestenfalls da und dort mit Büschen bewachsen. Das ist ein Beispiel, welches heute wieder zu großer Nachdenklichkeit anregt, wenn wir erkennen, wie beharrlich wir unsere Wegwerfgesellschaft fortsetzen, obwohl das Wissen für neue und bessere Wege mit der Natur anstatt gegen sie vorhanden ist. Unsere Konsumgesellschaft, die sich in so vielen Bereichen gegen die Natur richtet, wird wohl auch einmal gleichermaßen als rücksichtslose Fehlhaltung mit fatalen Folgen beurteilt werden.

Nach der Verkarstungskatastrophe am Mittelmeer haben die Menschen in Europa gelernt, in der Forstwirtschaft das Prinzip der Nachhaltigkeit anzuwenden. Nie mehr sollte so etwas geschehen. Deshalb gilt bis heute, zumindest in unseren Breiten, der sinnvolle Grundsatz, aus einem Wald nie mehr Holz zu entnehmen, als dort nachwächst. Außerdem wird streng darauf geachtet, dass auf allen frei werdenden Waldflächen wieder junge Bäume nachwachsen, die zum jeweiligen Standort passen.

Doch zurück zu den Römern der Antike. Vor dem Hintergrund der Waldverkarstungen erstaunt es uns heute ganz besonders, dass es bereits damals ein sehr tiefes Wissen um Handwerkskunst und beste Holzqualitäten gab. Um besser zu verstehen, warum das so wichtig war, sehen wir uns kurz das Leben des bekanntesten römischen Herrschers Gaius Julius Cäsar an.

Im Jahr 100 v. Chr. geboren, nahm er als Offizier an seinen ersten Feldzügen teil. Mit 22 wirkte er bei einer Flotteneinheit an der Verfolgung von Piraten mit. Zwei Jahre später geriet er selbst in Gefangenschaft von Seeräubern, die für seine Freilassung Lösegeld forderten. Angeblich empörte sich Cäsar bei seinen Geiselnehmern darüber, dass sie so wenig für ihn verlangten, weil er seiner Meinung nach viel mehr wert wäre. Eine andere Überlieferung beschreibt seinen Charakter noch weiter. In Gefangenschaft kündigte er den Piraten an, dass er sie fangen und kreuzigen werde. Die Seeräuber nahmen seine frechen Drohungen hin, weil sie wussten, dass sie ihr Lösegeld nur für einen lebenden Cäsar bekommen würden. Tatsächlich organisierte Cäsar aber nach seiner Freilassung eine private Seestreitmacht, fing die Piraten und ließ sie einzeln kreuzigen.

Die Lebensgeschichte von Julius Cäsar zeigt einen Mann mit großer strategischer Begabung, aber auch einen Charakter, der keine Skrupel kannte, wenn es um Macht ging. In Rom schloss er mit dem reichen Marcus Crassus sowie mit dem Militär Gnaeus Pompeius Magnus ein Bündnis, das ihm letztlich zum Konsulat verhalf. Auf dem Weg dorthin waren die geltenden Gesetze für ihn keineswegs Spielregeln, die es einzuhalten galt. So ließ er beispielsweise Gegner seiner Pläne vom öffentlichen Versammlungsplatz wegprügeln.

Zahlreiche Rechtsbrüche und dadurch ein beschädigter Ruf waren wohl ein Grund dafür, dass er sich einem prestigeträchtigen Krieg zuwandte, der ihm neue Ehre und Anerkennung in Rom bringen sollte. (Kennen wir solche Kriegsgründe nicht auch aus unserer Zeit?) Tatsächlich fand er diesen Anlass bei den verschiedenen Stämmen Galliens. Entgegen der weitbekannten Darstellung in den Comics von Asterix und Obelix waren diese Kämpfe gar nicht lustig. Cäsar schlug mit seinen Truppen die Germanen über den Rhein zurück. Er drang weiter vor, besiegte die Belgier und erreichte den heutigen Norden Deutschlands sowie die Küste vor England. Ein Beispiel zeigt seine Taktik und Brutalität. Im Kampf gegen zwei germanische Stämme, die Usipeter und Tenkterer, nahm er gegen jeden Verhaltenskodex die zwei Häuptlinge fest, die zu friedlichen Verhandlungen gekommen waren. Damit konnte er die nun führerlosen Germanen niedermetzeln lassen. In seinen eigenen Aufzeichnungen schrieb er von 430.000 Toten, während die Römer keinen einzigen Mann als Verlust zu beklagen hatten. In der Genozid-Forschung wird das heute als Völkermord gewertet.

Letztlich gelang ihm die völlige Unterwerfung Galliens. Für Rom wurde damit die Macht über diese Gebiete für Jahrhunderte besiegelt. Doch auch für Cäsar persönlich bedeutete der Sieg einen enormen Machtgewinn. Er verfügte nun über Legionen ihm treu ergebener Soldaten. Obwohl es Feldherren streng verboten war, mit ihren bewaffneten Truppen nach Rom zu kommen, da dies, wie man sieht, zu Recht als Gefahr für die Republik angesehen wurde, führte Cäsar genau diesen Schritt aus. Er überschritt mit seinen Männern in Richtung Rom den Fluss Rubikon und soll dabei den berühmten Ausspruch „Der Würfel ist gefallen“ verkündet haben. In Rom entfachte er einen Bürgerkrieg, der letztlich damit endete, dass Gaius Julius Cäsar die Republik in eine Diktatur verwandelte. Alle Macht in seiner Hand war sein großes Ziel. Das Leben des Diktators blieb stets von rücksichtsloser Gewaltanwendung geprägt.

Sein ehemaliger Verbündeter Crassus war inzwischen bei einem Feldzug ums Leben gekommen, während sich Pompeius von Cäsar distanzierte und aus Rom floh, als sein Widersacher die Hauptstadt mit seinen Soldaten einnahm. Mit 15.000 Mann überquerte Cäsar auf Schiffen die Adria, um Pompeius im Gebiet des heutigen Griechenland zu schlagen. Das gelang nicht. Also folgte Cäsar seinem früheren Verbündeten und jetzigen Feind weiter nach Alexandria, wo man ihm dann den Kopf des Rivalen überreichte.

Gleichzeitig lernte er dort die junge Königin Kleopatra kennen und eine leidenschaftliche Liebe entbrannte. Cäsar hatte mit Kleopatra ein Kind und zog später für sie in die Schlacht gegen ihren Bruder Ptolemaios, um ihren Machtanspruch in Ägypten zu verteidigen. Danach führte er erfolgreich Kriege in Kleinasien, Afrika und Spanien. Als Diktator regierte er einerseits populistisch („Gebt dem Volk Brot und Spiele"), andererseits ging er große Vorhaben an. Er plante die Kodifizierung der Gesetze, die Trockenlegung von Sümpfen, die Anlage einer umfassenden Bibliothek sowie verschiedene große Bauvorhaben. Er führte den julianischen Kalender ein und leitete den Wiederaufbau der Städte Karthago und Korinth ein. Diese waren vorher von den Römern im Krieg zerstört worden. Schlussendlich ereilte ihn aber ein früher Tod, der an die Gewalt erinnert, die er selbst ein Leben lang angewandt hatte. Marcus Brutus, dem er ein väterlicher Freund gewesen war, schloss sich einer Verschwörergruppe an und erdolchte den Diktator im 56. Lebensjahr während einer Senatssitzung.

Die Lebensgeschichte des römischen Diktators gibt nicht nur Einblick in seinen Charakter. Sie zeigt auch die immense Bedeutung der hölzernen Schiffsflotten jener Zeit. Wenn es strategisch erforderlich erschien, wurden so schnell wie möglich 15.000 Mann über die Adria geschifft. Damit so etwas gelang, waren intakte Schiffe nötig. Das war aber keineswegs selbstverständlich, denn es gibt für das Holz im Meer einen Feind, der schlimmer ist als jeder Holzwurm auf dem Land.

Bohrmuscheln können Holz im Wasser in relativ kurzen Zeiträumen so stark befallen, dass ganze Schiffsflotten dadurch gesunken sind. Die Bohrmuscheln (aus der Familie der Teredinidae) gleichen in ihrer Körperform eher einem Wurm als einer Muschel. Sie wurden daher – zoologisch gesehen falsch – auch als Bohr- oder Pfahlwürmer bezeichnet.

Von diesem Problem künden Berichte seit der frühen Antike (etwa im Lexikon des Suidas aus 970 v. Chr.) das ganze Mittelalter hindurch, besonders bei den Entdeckungsreisen des 15. und 16. Jahrhunderts bis in die 1730er-Jahre. Damals wurden die holländischen Deiche, die mit Eichenstämmen im Untergrund verankert waren, durch die Bohrmuschel arg in Mitleidenschaft gezogen. In jedem Fall sind diese Holzschädlinge des Meeres ein ernstes, lebensbedrohendes Problem, das über Niederlage oder

Sieg in einem Krieg, über Untergang oder Erfolg bei den Entdeckern sowie über Leben und Tod hinter schützenden Deichen im Fall einer Sturmflut entschieden hat. Besonders interessant ist auch die Tatsache, dass dasselbe Problem in verschiedensten Ländern und Kulturkreisen, die offensichtlich keine Verbindung und keinen Wissensaustausch hatten, auftrat. Trotzdem verfolgte man überall ähnliche Lösungsansätze, die wohl aus der gleichen Erfahrung der Menschen entstanden. Der richtige Fällzeitpunkt des Holzes bewirkte eine höhere Widerstandskraft gegen die Holzschädlinge.

Bereits aus der Zeit 600–400 v. Chr. liegen Berichte der Römer vor, dass Bauholz nur bei abnehmendem Mond geschlagen wurde. Für Schiffsbaumeister, die dagegen verstießen und „Holz, welches zur Unzeit geschlagen wurde" verbauten, gab es sogar drakonische Strafen. Niemand wollte riskieren, mit einem Schiff in See zu stechen, das die Bohrmuschel fressen konnte. Die Flotten Cäsars, mit denen er zuerst Piraten jagte und später seinen Rivalen nachstellte, waren wohl in dieser Tradition aus Bäumen gebaut, die streng bei abnehmendem Mond geerntet wurden.

371–287 v. Chr. hieß es bei Theophrast unter anderem: „Ein jedes Holz, das gehawen oder gefellet wird / in einem Balsamischen Zeichen, wenn die Sonne im Stier / Steinbock oder Jungfrau ist / denn das sind irdische Zeichen / und wenn der Mond im abnehmen ist ... in dem wechst kein Ungeziefer / wird nicht wurmig und faulet auch nicht balde / sondern weret zum allerlengsten."

In der Zeit ab Julius Cäsar häufen sich Berichte über günstige Fällzeitpunkte. Übereinstimmung herrscht bei der Jahreszeit der Saftruhe. In Mitteleuropa ist das der Winter, im heiß-trockenen Süden und Orient kann aber auch der Sommer damit gemeint sein. Dort fließt der Saft im regenreichen Winter und steht bei der drückenden Sommerhitze. Bezüglich des Mondstandes heißt es mit auffälliger Mehrheit, der abnehmende beziehungsweise Neumond sei die beste Zeit, um dauerhaftes Holz zu bekommen.

Bei Plinius dem Älteren, der im ersten nachchristlichen Jahrhundert ein monumentales Naturgeschichtswerk namens „Naturalis historia“ mit 37 Büchern und 2.493 Kapiteln verfasste, wurde als beste Bauholzzeit der Neumond nicht nur gegen die Bohrmuschel, sondern auch als wirksames Mittel gegen Holzschädlinge aller Art empfohlen.

HOLZFÄLLZEITEN VOM MITTELALTER BIS IN DIE NEUZEIT

Im Mittelalter heißt es bei Hrabanus Maurus (780–856): „Holzwürmer befallen Bäume, welche zur unrechten Zeit gefällt worden sind.“ 1550 schreibt Konrad von Meyenburg: „Der Holzwurm wächst im Holz zur unrechten Zeit geschlagen, deshalb warten die Holzhacker auf den Eintritt des Neumondes, wenn sie Bäume fällen wollen.“

Im Jahr 1570 gibt der italienische Renaissancearchitekt Andrea Palladio mit Hinweis auf seinen römisch-antiken Kollegen Vitruv den geeigneten Fällzeitpunkt mit Herbst und Winter an. Das Fällen soll bei abnehmendem Mond geschehen. Knapp 20 Jahre später, so wird berichtet, soll eine spanische Kriegsflotte in Westindien von der Bohrmuschel beschädigt worden sein, sodass bei einem Sturm hundert Schiffe wrack wurden. 1669 schreibt das französische Forstgesetz den abnehmenden Mond als Fällzeitpunkt vor. Die königlich französische Forstordnung vom 13. August 1699 befiehlt die Fällung im abnehmenden Mond von der Zeit des Laubabwurfes bis zum Wiederausschlag.

Um 1700 taucht der prominenteste Forstmann Deutschlands aller Zeiten auf: Der sächsische Oberberghauptmann Hans Carl von Carlowitz beobachtete beunruhigt die Ausplünderung der Wälder für den blühenden Bergbau. Als oberste Instanz war er auch für die Bewirtschaftung der Wälder verantwortlich. Klar erkannte er, dass einem Wald auf Dauer nicht mehr Holz entnommen werden kann, als auf derselben Fläche Jahr für Jahr nachwächst. In seinem umfassenden Werk „Sylvicultura oeconomica“ plädierte er zum ersten Mal in der Literatur für eine Wirtschaftsweise, die dafür Sorge trägt, dass auch die nächsten Generationen dieselben Möglichkeiten vorfinden. Damit wurde er zum Erfinder des Begriffes „Nachhaltigkeit". Es sollte noch drei Jahrhunderte dauern, bis diese Bezeichnung durch unsere globalen Umweltprobleme zum Synonym für eine andere, zukunftsorientierte Wirtschafts- und Lebensweise wurde. Carlowitz wurde damit posthum bekannt und geehrt.

Mit dem von ihm geprägten Begriff Nachhaltigkeit ist er sicher der am häufigsten zitierte Förster auf dieser Welt. Das Wort wurde inzwischen ja auch in viele andere Sprachen übersetzt. Was aber selbst wenige Fachleute wissen: Carlowitz, der visionäre und vorausschauende Berg- und Forstmann, hat sich in seinem Werk auch zum Thema Mondholz geäußert. Seine Erfahrungen sind dort als Empfehlung für alle niedergeschrieben. „Bauholz soll nur bei abnehmendem Mond geerntet werden, damit dasselbe nicht wurmstichig werde!" Die Dauerhaftigkeit der Hölzer war im Bergbau, in feuchten Stollen mit oft sehr günstigem Klima für Schädlinge und Pilzbefall, besonders wichtig. Mit seinen Angaben zur richtigen Fällzeit bestätigte Carlowitz die uralte Erfahrung zur Gewinnung des möglichst dauerhaftesten Holzes.

Von 1786 datiert eine Überlieferung zur Fällzeit und Pilzbefall. Es wird von Hausschwammbefall berichtet, dessen Ursache falsche Fällzeit, in sumpfiger Gegend gewachsenes Holz sowie das Schwitzen des Mauerwerkes seien.

Ab dieser Zeit verdichten sich Überlieferungen und Spuren über weitergegebenes Wissen alter Wagner- und Zimmerermeister, von Förstern und Waldbauern. Dabei geht es stets um die Jahreszeit der Saftruhe, den abnehmenden Mond und als noch feinere Einteilung um bestimmte Sternbildtage (Tierkreiszeichen) für gewisse Nutzungen.

Mondregeln bei der Holzernte gingen auch weit über das reine Bauholz hinaus. In Frankreich und im Schwarzwald wurden Bäume für die Dachschindelherstellung mondgerecht gefällt. Damit erhöhte sich die Haltbarkeit der Schindeln. Im Alpenraum waren seit dem frühen Mittelalter hölzerne Kaminkonstruktionen weit verbreitet. Auf den ersten Blick erscheint das als gefährlicher Widerspruch. Wie kann man einen Kamin, den brandgefährdetsten Bauteil eines Hauses, nur mit Holz, dem brennbaren Material, herstellen? Nun, Mondholz, so hieß es, war so schwer brennbar, besser gesagt, schwerer entzündbar, dass diese Holzkamine Jahrhunderte überstanden haben. Im Freilichtmuseum Ballenberg in der Schweiz oder im Österreichischen Freilichtmuseum Stübing bei Graz können solche Kamine heute noch bewundert werden.

Besonders die Lärche war in dieser Hinsicht die Holzart der Wahl. Larix, der lateinische Name der Lärche, hängt wieder mit Julius Cäsar zusammen. Er wollte die in den Alpen gelegene Ortschaft Larignum einnehmen. Doch diese war mit Lärchenholz befestigt und Cäsar konnte mit seinen Soldaten jenes hölzerne Bollwerk nicht in alter Gewohnheit in Brand stecken. Er staunte über dieses Holz, das vom Feuer nicht ergriffen wurde.

Zuletzt noch eine kurios anmutende Verwendung von Mondholz, die durch Breton 2000 überliefert wurde: Früher wurden sogar Feuerwehrleitern aus schwerer brennbarem Mondholz hergestellt. Diese Aufzählung historischer Überlieferungen, Quellen und Hinweise bezieht sich nur auf Europa und ist lediglich ein Ausschnitt aller vorhandenen Informationen. Natürlich gab es in vielen Zeiten auch Kritiker und zuweilen verwirrende Angaben, die zu einem wesentlichen Teil auf Überlieferungsfehler zurückgehen dürften.

Besonders interessant sind davon aber Kritiken aus der Neuzeit – von Wissenschaftlern, die das Thema Mondholz bewusst widerlegen wollten und letztlich selbst widerlegt wurden. Davon werden wir ausführlich im nächsten Kapitel des Buches erfahren.

HISTORISCHES MONDHOLZWISSEN WELTWEIT

Zur abschließenden Betrachtung der historischen Überlieferungen wollen wir noch einen Blick auf andere Kontinente werfen.

Wie wir gesehen haben, galt in Europa seit alters her die Zeit des Neumondes und/oder des abnehmenden Mondes mehrheitlich als beste Zeit für die Ernte von haltbarem (Bau-)Holz. Diese

Aussage deckt sich mit Berichten aus dem Nahen Osten (Aichinger 1936), in Afrika, Indien, Ceylon und Brasilien (Stebbing 1906, Sussengutt 1930, Forstmann 1936, Kolisko 1953). Auch aus Guyana kommt die gleiche Anleitung zur Holzernte (Baileres 1995). Sogar die frühen südamerikanischen Kulturen der Inkas und Mayas sollen bereits dieses Wissen angewendet und weitergegeben haben.

Dem Autor selbst wurde vom Oberhaupt eines buddhistischen Klosters in Japan erklärt, dass eben jene Holzerntezeit bei abnehmendem Mond seit Jahrtausenden eine der wichtigsten Maßnahmen japanischer Mönche beim Bau der Klöster und Schreine war. Nur so war es möglich, mitten im subtropischen Klima bei über 90 % Luftfeuchte und umgeben von Termiten, hölzerne Prachtbauten, Tempel und Klöster über Jahrtausende hindurch zu erhalten.

Diese internationale Betrachtung des Themas macht die Geschichte noch spannender. In Europa allein ist es noch denkbar, dass Traditionen um Mondholz und Holzerntezeiten, ausgehend von der Antike über die verbundenen Länder, verbreitet und weitergegeben wurde. Doch wie sollte es eine Verbindung zwischen den Inkas Südamerikas, den uralten japanischen Hochkulturen, die seit immerhin 5.000 Jahren existieren, und unserer europäischen Antike gegeben haben? Ein direkter Wissenstransfer ist ausgeschlossen. Trotzdem bestand dieselbe Vorgehensweise in all jenen hoch entwickelten Kulturen.

Wäre da nicht ein wahrhaft nutzbarer, technischer Vorteil, hätte es kaum die gleiche Entwicklung und Überlieferung aus völlig isolierten Kulturen geben können. Streng wissenschaftlich gesehen ist das allein natürlich noch kein Beweis dafür, dass Mondholz besseres oder dauerhafteres Holz darstellt. Ein starkes Indiz ist es aber allemal.

Bevor das Geheimnis aber auf wissenschaftlicher Ebene gelöst werden konnte, mussten wir noch Irrwege gehen, unerwartete Hindernisse überwinden und lange Zeit im Dunkeln tappen.

MONDHOLZ UND DIE WISSENSCHAFT

Seit Jahrtausenden, eigentlich seit wir Bäume fällen und das Holz verarbeiten, seit es darüber Spuren und Aufzeichnungen gibt, haben sich Menschen mit dem Einfluss des Fällzeitpunktes auf die Holzqualität beschäftigt. Auf verschiedenen, vor Jahrtausenden noch vollkommen getrennten Kontinenten haben sie das getan und sind, so weit wir das heute noch rückverfolgen können, in den allermeisten Fällen ganz unabhängig voneinander zu gleichen Ergebnissen gelangt. Bei abnehmendem und bei Neumond gefälltes Holz soll besonders haltbar und widerstandsfähig gegen Fäulnis und Wurm, gegen Bohrmuschel und Pilz, und wie die Holzschädlinge auch immer genannt wurden, sein.

Daneben wurden solchem Holz auch noch wunderlich anmutende Eigenschaften zugeschrieben. So sollte der Fällzeitpunkt zur richtigen Mondphase schwerer brennbares (so muss die Redewendung „brennt nicht" interpretiert werden), ruhigeres Holz mit weniger Quellung und Schwund oder eben viel dauerhafteres und widerstandsfähigeres Holz ergeben. Zum Teil ist solch uraltes Holzwissen verloren gegangen. In manchen Regionen dieser Welt wurde es hingegen bis in unsere Zeit überliefert und angewendet. Der vorangegangene Abschnitt, die Berichte von der bereits erwähnten Arbeit unseres Opas als Zimmermann sind Beispiele dafür. Auch hier wird es manchen Leserinnen und Lesern so gehen, dass sie so etwas Ähnliches schon einmal gehört, ganz woanders erlebt haben.

Dieses häufige Auftauchen derselben Mondholzregeln gibt dem Thema natürlich ein großes Gewicht. Allein, ein wissenschaftlicher Beweis ist es immer noch nicht.

Auf den ersten Blick mag das weiter nicht schlimm sein. Intuition und Hausverstand verlangen keine wissenschaftliche Methodik. Wie schlimm fehlende wissenschaftliche Nachweise trotzdem sein können, auch wenn man sich auf der richtigen Spur befindet, das konnten meine Mitarbeiter und ich vor rund zwei Jahrzehnten erleben. Damals war Mondholz in Österreich ein großes Thema. Ich hatte gerade mein erstes Buch dazu mit dem Titel „... dich sah ich wachsen – über das uralte und das neue Leben mit Holz, Wald und Mond“ veröffentlicht. Es stellte im Wesentlichen einen Bericht über die Erfahrungen und Ratschläge unseres Opas sowie eine Sammlung eigener Anwendungen und Ergebnisse dar. Es waren Erfahrungen, die sich zum Teil im vorangegangenen Kapitel wiederfinden und hier eben ergänzt und erweitert wurden.

Die Reaktionen auf das Erscheinen dieses Buches waren überraschend groß. Neben unzähligen persönlichen Zuschriften mit ähnlichen Erfahrungsberichten der Leserschaft gab es Pressestimmen und sogar verschiedene TV-Produktionen. Der Leiter der Abteilung Volkskultur im ORF Salzburg, Wolf-Dietrich Iser, hatte dazu eine besonders originelle Idee. In meinem Buch hatte er zuvor vom Holzkamin gelesen, dem mehrere Jahrhunderte alten Rauchabzug ganz aus Holz gefertigt. Dieser hölzerne Kamin aus dem alten Bauernhaus in unserer Nachbarschaft brachte Herrn Iser auf seine Filmidee. Er fand in den Salzburger Bergen, im Lungau, einen derartigen uralten Holzkamin und konnte den Eigentümer überreden, einen ordentlichen, 2–3 cm breiten Holzspan aus diesem Kamin herauszuschneiden. Zugleich wurde aus normalem, getrocknetem Brennholz ein Span in derselben Form angefertigt. Mit diesen beiden Spänen begann der Versuch vor der Kamera. Als Experimentator vor der Kamera wurde ein angesehener Salzburger Forstmeister und Volkskundler, der damals pensionierte Hofrat Arno Wattek, gewonnen. Dieser gab zuerst eine Erklärung ab, dass früher Bauern in den Alpen oftmals widersprüchlich anmutend ihre Kamine aus dem brennbaren Material Holz gebaut haben.

Das Besondere war die Fähigkeit der Bauern, dafür zu sorgen, dass der Holzkamin im hölzernen Bauernhaus niemals in Flammen aufging. Die Holzauswahl und der richtige Erntezeitpunkt sollen das Geheimnis dafür gewesen sein. Nun entfachte Hofrat Wattek den Docht einer Petroleumlampe vor ihm auf dem Tisch. Dann wurde der „normale“ Holzspan in dieses Feuer gehalten. Der Span begann unmittelbar knisternd zu brennen. Daraufhin wurde er von der Petroleumlampe weggezogen und das Holz brannte fröhlich knacksend mit heller Flamme von der entzündeten Spitze der ganzen Länge nach ab. Zum Vergleich wurde nun der Span aus dem alten Holzkamin an der Petroleumlampe entzündet. Die Kamera zeigte wieder die Großaufnahme dieses Feuergeschehens. Zögerlich und deutlich langsamer griff die Flamme des Lampendochtes auf die dünne Holzlamelle über. Es war eigentlich nur eine leicht erkennbare Verlängerung der Petroleumflamme. Nachdem kein größeres Aufflackern dieses Feuers sichtbar wurde, zog die Hand das Holz erneut zurück, damit es wieder selbstständig weiterbrennen könne. Mit der brennenden Spitze nach unten gerichtet, Feuer brennt ja bekanntlich am besten von unten nach oben, hielt die Kamera die weitere Entwicklung fest.

Natürlich erwarteten die Beobachter ein ähnliches Abbrennen wie beim vorherigen Span. Doch das kleine Stück Holz aus dem uralten Kamin offenbarte jetzt ein Stück des Geheimnisses solcher Bauten. Ohne sich weiter in das Holz hineinzufressen, wurde die Flamme kleiner, bläulich und erlosch schließlich. Daraufhin versuchte man das Ganze noch einmal. Direkt über oder besser im Feuer der Petroleumlampe brannte das dünne Holz einigermaßen mit. Sobald es aber von der Feuerquelle weggezogen wurde, schien es das normale Verhalten eines Holzspanes zu vergessen. Es brannte keineswegs selbstständig weiter, sondern erlosch stattdessen.

Dieser Fernsehbericht wurde vom ORF im Abendprogramm zur besten Sendezeit gebracht. Später erzählte mir Herr Iser, dass der Bericht ungewöhnlich viele Reaktionen hervorgerufen hatte. So ein Geheimnis, das in den alten Bauernhäusern der Alpen steckte, interessierte die Menschen eben. Einige Zeit später kam jedoch eine Reaktion, die wir uns nicht erwartet hatten.

Wer seinem Herzen und seiner Intuition folgt, der muss oft unbekannte und unbequeme Wege gehen. Aber unser Herz bleibt der verlässlichste Kompass im Leben.

DIE ANTI-MONDHOLZ-STUDIE

Im Fernsehen gab es damals eine Sendereihe, die populärwissenschaftliche Themen präsentierte. Eine Sendung widmete sich dem Mondholz. Sinngemäß vertrat sie die Aussage, Mondholz wäre ein Mythos, die ihm zugeschriebenen Fähigkeiten wären Einbildung und wissenschaftlich nicht haltbar. Der Moderator berichtete dabei von einem Experiment, das zwei Lehrer einer technischen Mittelschule, in Österreich HTL genannt, durchgeführt haben.

Die beiden Herren hatten einige Proben von sogenanntem Mondholz, also bei abnehmendem Mond geerntetes Holz, mit Nichtmondholz, also beim entgegengesetzten Mondstand geerntetem Holz, verglichen. Die Art des Vergleiches hatte es allerdings in sich. Im Labor, weit weg vom natürlichen Wettergeschehen und abgeschlossen von jeder normalen Bewitterung, wurden die Proben im Reagenzglas mit Pilzproben geimpft und anschließend verglichen. Nachdem keine wesentlichen Unterschiede erkennbar waren, kamen sie zu der Aussage, dass Mondholz keine besseren Eigenschaften hätte als anderes Holz.

Dass Verwitterung von Holz ein äußerst komplexer Prozess ist, den Wetter und lokales Klima steuern und über viele Jahre abläuft, wurde freilich nicht erwähnt. Ein Reagenzglasversuch über relativ kurze Zeiträume besitzt kaum Aussagekraft über die tatsächliche Verwitterung und das Wechselspiel der vielen Einflussfaktoren, die hier zusammenwirken. Es wurde auch nicht gesagt, wer die Arbeit der beiden Lehrer finanzierte. Erst viele Jahre später lernte ich einen Mann kennen, der zuvor als Lobbyist und Vertreter der Holzindustrie tätig war. Er erzählte mir, dass er damals eine Sitzung leitete, in der das Problem Mondholz besprochen wurde. Durch mein erstes Buch gab es sprunghaft ansteigende Anfragen. Die Großsägewerke hatten aber gar keine Freude damit. Durch die großen täglichen Mengenflüsse konnten sie weder getrennt herstellen noch anbieten. Da entstand die Idee, eine Studie gegen Mondholz erstellen zu lassen. Dann hätten lästige Anfragen nach Mondholz ein Ende. Tatsächlich kam es einige Zeit später zu einem entsprechenden Fernsehbericht.

Als der Anti-Mondholz-Film über die Bildschirme flimmerte, wussten wir von all dem freilich noch nichts. Rasch versuchte ich, an diesen Untersuchungsbericht zu kommen. Im Kreis unserer Techniker analysierten wir den Versuch und uns wurde sofort klar, dass dessen Aussage für die Holzstücke im Reagenzglas wenig Aussagekraft für die tatsächliche Verwitterungsbeständigkeit hat. Der wahre Hintergrund von Mondholz und dem Einfluss der Holzerntezeitpunkte auf die Holzqualität kann bei dieser Oberflächlichkeit niemals seriös beurteilt werden.

Diesbezüglich waren wir uns sicher, doch was konnten wir tun? Nach dem Fernsehbericht gab es viele verunsicherte Anfragen in unserem Forschungszentrum. Besonders schmerzhaft war es aber, dass einzelne Kunden, mit Hinweis auf jene „Wissenschaftssendung" Aufträge zurückzogen oder nicht mehr erteilten. Druck machten auch unsere Verkäufer und Partnerbetriebe in den einzelnen Regionen draußen. Diese Handwerker sind es ja, die die Botschaft von natürlichem Mondholz als besseren Weg im Vergleich zu chemisch vergifteten Hölzern vor Ort zu den Menschen bringen. Wir konnten dem vorerst aber nur unsere praktischen Erfahrungen entgegenhalten. Dennoch ist das eine schlimme Situation für ein Unternehmen. Die Möglichkeit, im selben Medium unsere realen und wiederholbaren Erfahrungen hinsichtlich hoher Pilzresistenz oder unsere Vollholzböden, die so ruhig liegen und eine geringere Fugenbildung aufweisen, neben dem Reagenzglasversuch sachlich zu besprechen, gab es nicht.

Wir befanden uns in der Zwickmühle. Dass Mondholz wirkt, konnten wir bei unserer tagtäglichen Arbeit laufend erleben und sehen. Doch warum das so ist, wie es funktioniert, diesen Zusammenhang konnten wir nicht schlüssig und naturwissenschaftlich seriös erklären. Natürlich hatten wir auch schon vor den Fernsehsendungen versucht, mit holztechnischen Tests und Experimenten der Ursache und Wirkung von Mondholz auf die Spur zu kommen. Dabei folgten wir, wie andere Forscher auch, vor allem den alten Überlieferungen und Beschreibungen.

Von der Saftruhe, von Säften, die zur Wurzel zurückkehren, war dort so oft die Rede. Auch das Bild der Gezeiten in den Meeren, die dem Mond folgen, gab einen starken Hinweis auf das Wasser, auf die Holzfeuchte. Also stellten wir Messreihen an und verglichen die Holzfeuchte von Mondholz mit Nichtmondholz. Alle Teile der Bäume wurden dabei gemessen, protokolliert und verglichen. Immerhin bildet der Wasserstrom in den äußeren, lebenden Holzzellschichten des Stammes, dem sogenannten Splintholz, eine ganz andere, richtiggehend wässrige Welt im Vergleich zum inneren, nahezu leblosen Kernholz. Auch Wipfel- und Wurzelholz sind nicht zu jeder Zeit vergleichbar. Trotz vieler interessanter Einsichten, die sich hier auftaten, der markante Unterschied von Mondholz konnte nicht gefunden werden.

Irgendwie waren die Wassermengen im Holz, die messbaren Feuchtewerte, immer ähnlich. Zumindest konnte keine eindeutige Tendenz gemessen werden. Zuletzt versuchte ich das Rätsel mit einem groß angelegten Forschungsprojekt mit vielen Proben und einer Dauer über zwei bis drei Jahre zu lösen. Wir tüftelten an Versuchsanordnungen, Messmöglichkeiten und technischen Prüfungen der Holzmuster. Als diese Arbeit getan war, stellten wir hoffnungsvoll einen Forschungsförderungsantrag an die zuständige Stelle. Allein wäre die Finanzierung für so ein großes Projekt nicht möglich gewesen. Nach einigen Wochen kam aus Wien der Bescheid der Forschungsförderung – eine Ablehnung: Mondholz ist in Österreich kein förderungswürdiges Thema. Ich wusste, dass bei Entscheidungen über die Forschungsförderung Vertreter der großen Industrien mitreden. Damit schien das Ende unserer Möglichkeiten erreicht zu sein. Doch es sollte ganz anders kommen.

UNERWARTETE HILFE

An der renommiertesten aller technischen Universitäten Europas arbeitete still und von der Öffentlichkeit unbemerkt schon seit Jahren ein kleines Forschungsteam an dem Thema. Die Eidgenössische Technische Hochschule in Zürich, kurz ETH, war zu dieser Zeit die berufliche Heimat von Professor Ernst Zürcher.

Die ETH gilt weltweit als hervorragende Universität. In internationalen Vergleichen schaffen es die Züricher immer wieder auf Rang eins aller europäischen Hochschulen. Diesem Ruf sollten in den nächsten Jahren auch die Arbeiten von Professor Zürcher gerecht werden. Wie so oft in der Forschung war aber das eigentliche Thema Holz (oder auch nur die Bäume allein) am Anfang gar nicht das vordergründige Ziel des Projektes.

Ernst Zürcher war mit Zusammenhängen zwischen Zeitrhythmen und Pflanzen ganz allgemein befasst. Er hatte sich einen wissenschaftlich akribischen Überblick über bisherige Studien, Theorien und Ergebnisse verschafft, ehe er 1988 seine erste große

Forschungsreise nach Ruanda antrat. Wieso Ruanda, mitten in Zentralafrika? Wieso befasste sich ein Professor der renommiertesten technischen Hochschule mit einem Thema, das sonst meistens als unbeweisbarer Mythos abgetan wurde?

Zürcher interessierte sich in seiner wissenschaftlichen Methodik zunächst einmal für alle Informationen zu dem Thema, um dann daraus die festen Fakten herauszufiltern. Da gab es immerhin wiederholbare Versuche mit Bohnen aus dem Jahr 1973. Wer in ausreichend großen Stückzahlen täglich Bohnen vier Stunden lang ins Wasser legt und danach die Quellung und Wasseraufnahme dieser Samen misst, kann zu seiner Überraschung feststellen, dass dieses Quellverhalten nicht immer gleich ist, sondern genau mit dem Mondrhythmus mitschwankt. Bei zunehmendem Mond saugen die Bohnen mehr Wasser auf und bei abnehmendem Mondstand „trinken" sie in der gleichen Zeit deutlich weniger.

Eine weitere Studie des ebenso wissenschaftlich angesehenen Institutes für Forstschutz an der Bundesversuchsanstalt Wien-Schönbrunn aus dem Jahr 1982 interessierte die Schweizer Kollegen sehr. Dort wurden alte Baumfällregeln in Bezug auf Insektenbefall mehrjährig untersucht. Das Ergebnis: Fichten, zu Vollmond gefällt, wurden von den Borkenkäfern deutlich bevorzugt, während Fichten, zu Neumond gefällt, offenbar einen höheren, natürlichen Schutz gegen die gefürchteten Käfer im Forst hatten.

Die Abhängigkeit der Pflanzen von natürlichen Zeitrhythmen wie den Mondphasen lag wissenschaftlich gesehen weitestgehend im Dunkeln. Aber Samen, die Wasser im pulsierenden Rhythmus aufnahmen, und Bäume, die den am meisten gefürchteten Insekten tatsächlich nicht schmeckten, waren interessant genug, um sich in dieses Gebiet zu vertiefen.

Erfahrene Wissenschaftler wissen, dass besonders bei der Untersuchung biologischer Vorgänge das größte Problem in der Vielfalt möglicher Einflüsse liegt. Pflanzen hängen von Licht, Wärme, Boden, Wasser, den Nachbarpflanzen usw. ab. Wichtig war bei der Betrachtung also, diese anderen Faktoren so weit wie möglich auszuschalten. Für Mondeinflussuntersuchungen stellte deshalb Ruanda einen idealen Ort dar. Dort am Äquator konnte der saisonale Einfluss des Sonnenrhythmus weitgehend ausgeschlossen werden. Unterschiedliche Jahreszeiten sind nicht vorhanden und die Wasserzufuhr konnte durch gesteuerte Bewässerung absolut gleich geschaltet werden. Ideale Bedingungen also für Keimversuche mit verschiedensten Pflanzen. Zwischen 1988 und 1992 wurden eifrig Samen in die Erde gelegt, immer zwei Tage vor Vollmond und zwei Tage vor Neumond. Das bezog sich auf Saatzeiten, die bereits von Rudolf Steiner sowie Kolisko und Kolisko angegeben wurden.

Die Ergebnisse der Arbeiten in Ruanda, die Ernst Zürcher dann 1992 publizierte, überraschten viele Biologen und Fachleute. Die Keimung der Samen, sowohl von verschiedenen Bäumen als auch von anderen Pflanzen, zeigte eine deutliche Abhängigkeit von der Rhythmik der himmlischen Mondphasen. Keimgeschwindigkeit, Keimraten, mittlere Höhe sowie Höhe der Pflanzen nach vier Monaten hingen systematisch mit der Mondphase zusammen. Entsprechend den überkommenen Aussaatregeln lieferten die Vor-Vollmond-Saaten deutlich bessere Ergebnisse. Zum Beispiel: Die Keimrate war im Mittel um 20 % höher. Eine Bestätigung dieser Versuche erfolgte nach gleicher Methodik kurze Zeit später in der westafrikanischen Sahelzone (Bagnoud 1995).

Damit war ein großer Schritt getan. Nach wissenschaftlich gründlicher Methodik hat sich der Einfluss der Mondrhythmen auf entscheidende Lebensvorgänge der Pflanzen bestätigt. Eine erste, ganz wesentliche Querverbindung zum Holz sollte bald folgen. Vorher gab es aber noch eine Nichtbestätigung alter Regeln.

In mehreren alten Überlieferungen war von Forstregeln zu lesen, welche das Brennholzschlagen bei zunehmendem Mond empfahlen. Dadurch sollten vermutlich die Stockausschläge (das sind junge Trieblinge, die ohne Samen direkt aus den verbliebenen Stöcken austreiben) schneller und besser für eine Wiederbewaldung sorgen. Umgekehrt gab es sogenannte Schwendttage, die zum Thema Waldrodung herangezogen werden sollten. An Schwendttagen geschlägerte Bäume sollen aus den Stöcken nicht mehr austreiben.

Es gab Versuche in zwei schweizerischen Laubholzregionen. In Biel wurden Experimente mit Rotbuche, Esche, Weide und im Tessin mit Edelkastanie durchgeführt. Die genaue Auswertung zeigte durchaus Unterschiede zwischen verschiedenen Bäumen. Ein nachweisbarer Zusammenhang mit Zeitrhythmen konnte jedoch nicht verlässlich dargelegt werden. Offen blieb nach dieser Arbeit die Frage, ob in der Regel Brennholzernte bei zunehmendem Mond nicht doch ein Hinweis auf bessere Brennbarkeit oder Entzündbarkeit des Holzes ist.

DER ERSTE DURCHBRUCH

Ist so etwas ein Zufall? Kurze Zeit, nachdem in Österreich die Filmberichte über das Kaminholz und die „Anti-Mondholz-Studie“ gelaufen waren, veröffentlichte Ernst Zürcher vollkommen unbeeinflusst davon eine Erkenntnis, die nicht nur von wissenschaftlichen Medien, sondern weltweit von der Boulevardpresse verbreitet wurde:

Bäume, diese auf uns Menschen so starr und unbeweglich wirkenden Holzsäulen, pulsieren genau mit den mondgesteuerten Gezeiten der Meere mit. Nimmt der Mond zu, werden auch die Stämme dicker. Nimmt der Mond wieder ab, werden sie wieder dünner. Genauer gesagt, der Durchmesser wird im Rhythmus von Ebbe und Flut dicker und dünner. Bäume, die im Puls des Mondes an- und abschwellen, auch wenn es sich im Bereich von Hundertstelmillimetern abspielt, das war ein Bild, von dem die Presse gerne berichtete. Kein Mensch konnte sich so etwas vorher vorstellen. Der Einfluss des Mondes auf dieses Phänomen konnte erstmals nachgewiesen werden. Damit war überhaupt zum ersten Mal wissenschaftlich ein Zusammenhang zwischen den Mondphasen und dem Geschehen im Holz der Bäume gezeigt worden. Aber das sollte erst der Anfang sein.

An der Universität Florenz wurde das Pulsieren einer Douglasie selbst im dunklen Folientunnel ohne jegliches Sonnenlicht nachgewiesen. Und nicht minder spannend: Diese Pulsbewegung führen auch frisch geerntete Stämme nach dem Umschneiden noch einige Monate lang durch, bis schlussendlich auch diese Lebensbewegungen langsam ausklingen. Philosophisch betrachtet mündet die trockene Beobachtung Ernst Zürchers in der Frage: Wann stirbt ein Baum? Mit dem Fällen sind jedenfalls noch lange nicht alle Lebensvorgänge beendet. Es pulst und fließt in seinem Inneren noch wochen-, ja monatelang. Die Vorstellung vom Sterben als abruptem Ereignis zu einem bestimmten Zeitpunkt weicht einer neuen Erkenntnis von einem Verabschieden und Übergangsvorgang, der sich einfach seine Zeit nimmt.

Für uns in Österreich waren die Veröffentlichungen, unabhängig von derartigen philosophischen Überlegungen, jedenfalls ein Segen. Wir konnten damit auf einen wissenschaftlich seriösen Zusammenhang zwischen Mondphasen und dem Baum hinweisen und so wieder in Ruhe weiterarbeiten. Wenngleich die Frage, warum und wie das funktioniert, immer noch nicht gelöst war. Der Forschergeist des Professors war jetzt natürlich nicht mehr zu bremsen. Wie gibt es das? Feuchteversuche, wie auch wir sie durchgeführt hatten, waren auch in Zürich bekannt. Der Wassergehalt im Baum pulsiert keineswegs in diesem Rhythmus. Die einfache Erklärung, dass hier Wasser aufsteigt und den Stamm aufquellen lässt, um danach wieder zurückzuströmen, hielt den Versuchen nicht stand. Wie also sollen die Baumstämme sonst dicker oder dünner werden?

Einen ersten Mosaikstein zur Lösung dieser Frage konnte Professor Zürcher in Biel im November 1999 finden. Interessanterweise führte ein Experiment ganz ohne Bäume zu neuen Erkenntnissen. Ähnlich wie es früher bei Bohnen gemacht wurde, untersuchte er die Wasseraufnahme, das Ansaugen von Wasser durch reine Zellulose, einen der Hauptbestandteile von Holz. Und siehe da, auch hier konnte das gleiche Phänomen wie bei den Bohnen gezeigt werden. Von der Mondphase hängt es direkt ab, ob Zellulose im selben Zeitraum messbar mehr oder weniger Wasser aufsaugt.

Jetzt war es plötzlich kein Same oder eine ganze Pflanze, kein Lebewesen, sondern nur die Zellstruktur der reinen Zellulose und Wasser, die den Vorgang wieder zeigten. Im Wasser selbst oder in der Zelle oder in deren Verbindung musste noch ein Geheimnis liegen. Damals schrieb Ernst Zürcher: „Deutlich wird jedenfalls, dass die Phänomene (u. a. des Mondeinflusses auf Pflanzen) viel komplizierter sind als oft dargestellt und dass sie über vereinfachte, traditionelle Regeln weit hinausgehen. Ohne diese seltsamen Überlieferungen aus vergangenen Kulturen wären wir aber vielleicht gar nicht zu diesen ersten, anfänglichen Einsichten gekommen."

Im Rückblick hätte er damit den Stand des Wissens dieser Zeit nicht besser beschreiben können. Tatsächlich waren all das erst anfängliche Einsichten. Bevor das Mondholzgeheimnis gelüftet werden sollte, galt es aber noch eine Reihe von Widersprüchen aufzulösen.

NEUE VERWIRRUNG

Die Jahrtausendwende war eine turbulente Zeit für die Forscher. Wohl auch durch die vielen Presseberichte gab es plötzlich Forschungen an mehreren Stellen. Gleich vier Studien beziehungsweise Diplomarbeiten erschienen im Jahr 2000. Obwohl keine davon die bisherigen Erkenntnisse von Ernst Zürcher widerlegen oder weiterführen konnte, zog sich durch die neuen Studien ein einhelliger Grundton: Mondholz sei wirkungslos oder zumindest in der Auswirkung vernachlässigbar. Kurios waren zum Teil die offensichtlichen Versuche, alte Holzernteregeln zu widerlegen. Eine Studie baute beispielsweise auf folgendem Prinzip auf: Es heißt, dieses Holz brennt nicht, also legen wir Mondholz auf ein Feuer, und wenn es doch abbrennt, ist die Regel Unsinn. Ähnliches wurde mit den erwähnten Pilzimpfungen im Labor gemacht, die nichts oder nur sehr wenig mit der wahren Verwitterung von Holzbauten über Jahrhunderte zu tun haben. Doch die Botschaft, dass Mondholz ein Mythos ohne wahre Grundlage sei, kam der großen Industrie sicher zugute. Wer etwa sein Geschäft mit giftigen Holzschutzmitteln macht, der ist nicht daran interessiert, dass die Kunden dauerhaftes Holz finden, welches diese Gifte gar nicht mehr benötigt. Ein Schelm ist natürlich der, der jetzt denkt, dass auch hinter diesen Studien Industrievertreter gestanden sein könnten ...

Trotzdem waren diese Arbeiten nicht alle wertlos. Sie lösten zwar „Anti-Mondholz"-Meldungen aus. Einige davon hatten immerhin genaue Prüfmuster gesammelt und Daten erhoben, die dann allerdings unvollständig ausgewertet, nicht zu Ende gearbeitet oder aus denen nur halbrichtige oder unrichtige Schlussfolgerungen gezogen wurden. Aber die Daten waren dennoch vorhanden. Wie das bei Studien so ist, gelesen wird meist nur die Schlussfolgerung am Ende. Eine komplizierte Studie liest niemand im Detail. Niemand? Einer hat sie doch ganz genau gelesen.

DER MOND OFFENBART ERSTMALS SEINE KRÄFTE

Ernst Zürcher hat nicht nur alles genau studiert. Er hat sich auch noch die Versuchsproben einer zuvor veröffentlichten Studie besorgt und diese auf dem Dach der ETH Zürich zweieinhalb Jahre der tatsächlichen Witterung ausgesetzt. 2003 kam die erste große wissenschaftliche Erklärung für die Wirkung vom Mond im Holz. Die Studie, aus der die Proben stammten, war zuvor ja mehrfach von Mondholzkritikern als Beweis gegen den Sinn von Mondholz verwendet worden. Nach zweieinhalb Jahren Bewitterung auf dem Dach wurden ausgerechnet die Holzproben dieser „Anti-Mondholz-Studie" ein eindrucksvoller Beweis für die Richtigkeit der alten Fällregeln. Die Proben, die bei abnehmendem Mond geerntet waren, wiesen einen signifikant geringeren Pilzbefall und deutlich geringeren Holzabbau auf, während das „Nichtmondholz" nach zwei Jahren echter Bewitterung stark vom Pilzbefall angegriffen war. Ausgerechnet jene Bäume, diese 30 Fichten, die vorher so oft zur Widerlegung des alten Wissens herangezogen wurden, bestätigten jetzt die alten Fällregeln eindrucksvoll.

Die Splintholzproben, also die Probestücke, die aus den äußeren Holzschichten der Versuchsbäume entnommen wurden, zeigten den dramatischsten Unterschied. Fruchtkörper des Zaunblättlings, diese klassische Holzfäule, die stets auf einen fortgeschrittenen Zellwandabbau und somit Holzzerstörung hindeutet, waren nur bei den Proben der „Vollmondserie", also bei zunehmendem Holz vorhanden. Das Mondholz vom abnehmenden Holz war nach zweieinhalb Jahren Bewitterung immer noch vollkommen frei davon. Auch beim Befall von Schimmelpilzen und beim Flechtenbewuchs bot sich ein gleiches Bild. Erst im Test der echten Bewitterung, in der eine Vielzahl von Pilzsporen gemeinsam ihr Werk am Holz versucht, zeigt das Mondholz seine wirkliche Qualität und Dauerhaftigkeit. Solche Forschungen können seriös und aussagekräftig nur in der tatsächlichen Bewitterung durchgeführt werden, aber nicht in einem Reagenzglas mit isolierten Pilzsporen wie im „Wiener Versuch".

Damit war der wohl wichtigste Vorteil von Mondholz erstmals belegt. Es ist möglich, auf natürliche Weise dauerhaftes, besser verwitterungsresistentes Holz zu ernten. Das Geheimnis der vielen alten Holzbauten, die so lange ohne jeglichen chemischen Holzschutz überdauerten, wurde durch Proben auf dem Dach der ETH Zürich gelüftet.

Doch damit noch nicht genug. In seiner Publikation aus dem Jahr 2003 konnte Ernst Zürcher erstmals auch einen wichtigen Teil des Wirkungsprinzips erklären. 2006, 2009 und 2012 wurde dies durch weitere Arbeiten des Professors vervollständigt (s. „Service und Quellen" am Ende des Buches).

DAS MONDHOLZGEHEIMNIS WIRD GELÜFTET

Wasser im Holz, das ist etwas ganz anderes als Wasser im Glas. Die Verbindung des Wassers und der Holzzellen, die Bewegungen der Flüssigkeit innerhalb der Waben, Kaskaden und feinsten Kapillarröhren sind an Zauber und Geheimnissen nicht zu überbieten.

Normalerweise möchte man meinen, Holz ist eine poröse Struktur und das Wasser fließt eben darin und transportiert brav die Nährstoffe von unten nach oben oder auch zurück. Die Forschungen Zürchers offenbaren aber noch weitaus mehr, als dieses zu einfache Bild der Wasser- und Holzwunderwelt vermuten lässt. Rein physikalisch gesehen verändert Wasser tatsächlich seine Eigenschaften, sobald es in den Baum eintritt. So kann Wasser in den allerfeinsten Kapillarröhren zum Beispiel bis -15° C flüssig bleiben. Überall sonst friert Wasser unbarmherzig bei Unterschreitung des Gefrierpunktes von 0° C, im Baum bleibt es ganz einfach weiter flüssig.

Weiters kennen wir Wasser in drei Aggregatzuständen. Es kann flüssig sein, es kann gasförmig als Wasserdampf oder Regenwolken oder fest als Eis und Schnee in Erscheinung treten. Wasser im Holz kennt aber noch einen vierten Zustand. Dort, wo das Wasser Hohlräume ausfüllt, Kapillaren oder auch Zellhohlräume, ist es flüssig oder, wenn es ganz, ganz kalt wird, doch gefroren fest. Dort aber, wo das Wasser die Holzflächen der einzelnen Zellen des Bauminneren berührt, geschieht etwas sehr Seltsames. In einem Wasserglas wäre die Übergangsfläche ganz klar getrennt. Die Wassermoleküle in ihrem flüssig-beweglichen Verband werden von den Glasmolekülen im starren Zusammenhalt des Glases umfasst. Es besteht eine klare, feste Grenze zwischen flüssigem Wasser und hartem Glas. Nicht so, wenn Wassermoleküle auf die holzbildenden Moleküle im Inneren des Baumes stoßen. Dort gibt es direkt an den Berührungsflächen unerwartet und unvermittelt Vermählungen zwischen beiden Elementen.

Irgendwie können die Holzbauteile den Wasserteilchen nicht lange widerstehen. Sie beginnen im winzigsten Bereich ihre feste Oberfläche zu öffnen. Wassermoleküle lösen sich plötzlich aus dem anvertrauten Wasserverbund. Einzeln, ganz allein lassen sie sich auf das hölzerne Angebot zum Eintritt ein. Da und dort, bald überall vollzieht sich dieser Vorgang. Das Sonderbare daran: Wasser bleibt immer noch Wasser. H_2O wird chemisch nicht verändert. Auch die Holzstoffe gehen keine chemische Reaktion ein. Es ist vielmehr eine kleinstmögliche mechanische Durchmischung, eine sozusagen kinderlose Ehe ohne Produkte der Synthese, die hier geschlossen wird. Trotzdem zeigt auch diese Verbindung bald einen ganz erstaunlichen Effekt. Das Wasser im mikroskopisch kleinsten Bereich der Berührungsflächen bildet hier einen Film durchmischter Substanz aus flüssigem Wasser und festem Holz. Wissenschaftler sprechen von einer kolloidalen Vermischung. Dieser Film ist aber nicht mehr fest wie das Holz und auch nicht flüssig. Am besten kann der Aggregatzustand mit gallertartig, geleeähnlich beschrieben werden. Eine Flüssigkeit, die sich mit Feststoff vermählt.

Normalerweise würde sich so eine Geleeschicht rasch mit dem dahinterliegenden Wasser zu einer gleichmäßigen Lösung vermengen. Das geschieht hier aber nicht. Eine unsichtbare Zauberkraft scheint dafür zu sorgen, dass die Berührung von Wasser und Holz in drei anstatt in zwei Zonen verläuft. Zwischen Holz und Wasser hält sich beständig und relativ stabil das sonderbare Grenzgelee des Wasser-Holz-Kolloides. Durch diese Grenzzone hindurch dringen aber durchaus Wassermoleküle noch tiefer in die fest bleibenden Zellwände hinein. Sie werden dort regelrecht aufgesaugt.

Im Holz gibt es also zwei Arten von Wasser: Das freie Hohlraumwasser, fein aufgeteilt auf Röhren und Hohlräume, ist die Flüssigkeit in ihrer beweglichen Form, wie wir sie kennen. Daneben gibt es das gebundene Wasser, das aufgesaugte sowie mit Holz vermengte, im hauchdünnen Berührungsfilm oder in den festen Zellwänden selbst. Wenn Holz getrocknet wird, kommt ein verstecktes Ordnungsprinzip zwischen diesen beiden Wasserarten zur Anwendung.

Sobald die Trocknung einsetzt, beginnt ein Sog, der Wassermoleküle erfasst und an die trockenere Außenluft zieht. Aber immer müssen zuerst alle Moleküle des freien, des fließenden Wassers den Stamm verlassen, bis endlich die anderen, die im Holz selbst wohnenden, die gebundenen Wasserteile, an der Reihe sind. Freies Wasser ist mit viel weniger Energie im Holz verankert wie das aufgesaugte, gebundene.

Diejenigen Wassermoleküle, die sozusagen mitten im Verbund der Holzmoleküle ihre Wohnung bezogen haben, genießen eine Art von Mieterschutz. Sie verlassen ihre Wohnung erst dann, wenn alle freien Wassermoleküle schon weg sind.

Dieser Übergang in der Trocknung ist deutlich erkennbar. Solange nur das freie Wasser ein Holzstück verlässt, geschieht gar nichts. Die Röhren, in denen es vorher strömte, sind nun eben leer und bleiben als Hohlräume erhalten. Aber sobald das gebundene Wasser seine wohligen Plätze in den Zellwänden verlässt, zieht sich die Holzstruktur zusammen. Hier geht eine Liebesbeziehung zu Ende. Die innig vermischten Holz- und Wassermoleküle müssen sich wieder trennen. Die gemeinsamen Wohnstätten werden leer. Die Zelle will diese leer gewordenen Wohnstätten schließen. Außen erkennt man das daran, dass das Holzstück nun zu schwinden beginnt. Es wird kleiner und kleiner und kann seinen Körper je nach Faserrichtung um 8–12 % des Volumens verringern. In diesem ganzen Geschehen hat Ernst Zürcher eine bisher nicht gekannte Bewegung entdeckt. Auch wenn keine Trocknung oder umgekehrt Wasseraufnahme stattfindet, gibt es im Baum Wasserbewegungen der besonderen Art.

Solange der Mond zunimmt, bis hin zum Vollmond, wandern Wassermoleküle aus den Zellwänden heraus in die Übergangszone und weiter in die Hohlräume zum freien Wasser. Zunehmende Mondzeit ist Trennungszeit für Wasser und Holzmoleküle. Sobald der Mond jedoch abnimmt, beginnt die Wanderung erneut in die umgekehrte Richtung. Die Liebenden dürfen sich jetzt wieder umarmen. Molekül um Molekül löst sich aus der Fließwassergemeinschaft, um wieder zwischen den festen Holzmolekülen einen Platz zu finden. Freies Wasser bewirkt aber keine Volumenänderung, gebundenes jedoch sehr wohl. Dadurch pulsieren Bäume, obwohl die Anzahl der Wassermoleküle im Inneren gleich bleibt. Für jeden Holzwurm wird damit vieles erklärt.

Man könnte auch sagen, bei zunehmendem Mond spazieren die Wassermoleküle hinaus auf ihre Straßen. Sie gehen in die Kapillarröhren, wo Wasser fließt, oder in die Zellhohlräume, wo sich ihresgleichen tummeln. Bei abnehmendem Mond hingegen ziehen sie sich in die Wohnungen zwischen den Holzmolekülen zurück.

Obwohl diese beiden Zustände im Holz sehr verschieden sind, bleibt doch die Wassermenge gleich. Sie befindet sich nur an einem entscheidend anderen Ort. Das ist der Grund, warum so viele Forscher vor Zürcher, wie wir auch, am Mondholznachweis gescheitert sind. Wir hatten stets die gesamte Wassermenge gemessen und übersehen, dass es technisch ein riesiger Unterschied ist, wo im Holz sich das Wasser befindet.

Mondholz, bei abnehmendem Mond geerntet, hat mehr gebundenes Wasser in seinem Inneren. Das heißt, bei der Trocknung zieht es sich stärker zusammen, es schwindet geringfügig aber doch mehr. Dadurch wird das Holz dichter, druckfester und auch abwehrender gegen eindringende Pilze, gegen Insekten oder gierig fressende Flammen. Der Dichtevorteil von Mondholz betrug 5–7 % über mehrere tausend Proben verteilt. Materialtechnisch gesehen ist das eine signifikante Verbesserung gegenüber „Nichtmondholz“. Wer hätte das gedacht. Obwohl die Wassermenge im Baum in Summe stets gleich ist, wechselt das Wasser seinen Ort. Bei abnehmendem Mond vermischt es sich mehr und geht direkt in die Holzsubstanz hinein, um bei zunehmendem Mond wieder das Gegenteil zu tun. Und genau der Ort, an dem sich das Wasser zum Zeitpunkt der Fällung befindet, ist ein gestaltender Faktor für die spätere Holzqualität. Wissenschaftlich gesehen war das wohl eine der größten Entdeckungen, seit der Werkstoff Holz erforscht wird. Doch damit gab sich Professor Zürcher immer noch nicht zufrieden.

MIT GOLD DEM BAUMPULS AUF DER SPUR

Im Garten der Familie Zürcher steht ein Fichtenbaum. Normalerweise kennen wir Kabel und Leitungen an Nadelbäumen in den Hausgärten nur aus der Weihnachtszeit, wenn die Christbäume beleuchtet werden. Die Fichte bei Zürchers hingegen bleibt in der Versuchszeit ganzjährig verkabelt. Elf Elektroden vom Wurzelanlauf in

Prof. Dr. Ernst Zürcher. Der Mann, der das Mondholzgeheimnis lüftete.

Richtung Wipfel hinauf zieren die Fichte. Glücklicherweise wusste niemand der am Gartenzaun vorbeispazierenden Fußgänger, dass diese Messelektroden am Stamm aus purem Gold bestanden. Vielleicht wären sie dann plötzlich verschwunden. Aber warum muss es ausgerechnet Gold sein? Dies aus gutem Grund. Das Edelmetall ist nicht nur absolut korrosionsfrei. Es erschien auch am besten geeignet, die feinen Energieströme störungsfrei und verlässlich zu messen.

Dem Forscher war klar, dass jene Kräfte, die das Wasser in den Zellwänden binden, aus dem elektromagnetischen Potenzial des Baumes stammen beziehungsweise davon beeinflusst werden. Es sind elektrostatische Kräfte, die Wassermoleküle auf ihre einsame Reise in das Holz hineinschicken.

Auch das wissen selbst viele Förster nicht: Jeder Baum baut sein eigenes Energiefeld auf, vom Wurzelanlauf bis zur Kronenspitze reicht dieses elektromagnetische, messbare Spannungsfeld. Ernst Zürcher interessierte die Frage, inwiefern diese elektrische Ladung vom Mond beeinflusst ist, vielleicht gar mit der himmlischen Silberscheibe mitpulsiert. Das wäre eine Antwort für die seltsame Reise der Wassermoleküle, die sie, gesteuert vom Mondrhythmus, in den Bäumen unternehmen.

Bevor viel Geld in einen Großversuch investiert werden konnte, musste zumindest die heiße Spur an der Fichte im eigenen Garten gefunden werden. Es erinnert an einen Krimi. Ehe der Kommissar die Großfahndung und Hausdurchsuchungen auslösen darf, muss er handfeste Hinweise, besser Beweise, allein und im Stillen finden. Erst dann kann er den Staatsanwalt überzeugen und den hoffentlich großen Schlag ausführen.

Ein erstes Indiz für seine Vermutung kam für den Forscher aus Arbeiten der sowjetischen Akademie der Wissenschaften aus den 1970er-Jahren. Die Russen haben damals rhythmische Schwankungen des Erdmagnetfeldes erkannt und über Geomagnetobiologie geschrieben. Ein messbares elektrisches Potenzial, das sich rund um jeden Baum als Schnittpunkt zwischen Himmel und Erde aufbaut, wird mit großer Wahrscheinlichkeit von solchen Kräften abhängen.

Der Baum, die nicht nur symbolische Verbindung mit den Wurzeln in der Erde und der Krone in den Lüften, wird zur Energiebrücke zwischen den Elementen. Um es kurz zu machen, die Spur ist die richtige. Tatsächlich variiert, oder besser gesagt, pulsiert dieses gemessene Spannungsfeld in einem unaufhörlichen Rhythmus. Besonders spannend bei diesen Messreihen ist die Tatsache, dass die elektrischen Schwankungen im Winter zur Saftruhe eindeutig im selben Rhythmus pulsen wie die ebenso vom Mond gesteuerten Gezeiten auf unseren Meeren. Mit seinen Goldelektroden zeigte uns Professor Zürcher, wie die Kräfte von Ebbe und Flut auch im Inneren der Bäume wirken. Im Sommer hingegen weichen die Kurven öfter voneinander ab, da tritt offenbar der Mond als Steuermann im Innenleben der Bäume einen Schritt zurück. Sommers wird der Sonneneinfluss immer dominanter, bis er den Mondrhythmus überlappt. Haben das unsere Altvorderen gewusst, die in ihren überlieferten Bauholzeinschlagregeln stets den Winter und die Zeit des abnehmenden Mondes bis Neumond angegeben haben?

Damit konnte Professor Zürcher eine wissenschaftliche Erklärungslücke schließen, die bisher den logisch suchenden Menschenverstand von den alten Holzeinschlagsregeln getrennt hatte. Über 20 Jahre, ein halbes Berufsleben lang, hat diese Entdeckungsreise gedauert, angefangen bei verschiedenen Keimergebnissen am Äquator bis hin zur ersten schlüssigen Erklärung, warum die Holzernte zur richtigen Mondphase besseres, dauerhafteres Holz ergibt. Das ist eine Leistung, die nicht genug gewürdigt werden kann. Ohne die akribische Detailarbeit, ohne die unerschütterliche Ausdauer Ernst Zürchers wäre das Thema Mondholz nach Erscheinen der vier kritischen Studien im Jahr 2000 wohl für lange Zeit von der Wissenschaft als abgeschlossen betrachtet worden. Wer kommt schon auf die Idee weiterzusuchen, wenn mehrere verschiedene Studien gleichzeitig Mondholz als Mythos oder zumindest als technisch nicht relevant bezeichnen? Wem gelingt es schon, gerade mit den Proben einer Studie, die gegen die Fällregeln verwendet wurde, das Gegenteil zu beweisen?

Es mag zwar sehr theoretisch klingen, ob alte Regeln bewiesen werden können oder nicht. Aber es braucht nur einen Blick in die heutige Praxis unserer Bauwirtschaft, um den großen praktischen Wert der Arbeiten Ernst Zürchers zu erkennen. Die Bauwirtschaft weltweit verbraucht etwa die Hälfte aller Rohstoffe, die die Menschheit der Erde entnimmt. Die Bauwirtschaft weltweit produziert Jahr für Jahr mehr als 60 % des gesamten Mülls der Menschheit. Niemand hinterlässt unseren Kindern und Enkelkindern mehr Müll. Allein die Produktion von Zement stößt jährlich rund 3,5 Mal so viel CO_2 aus wie der gesamte Flugverkehr auf der Erde! Hier ist die Produktion von Stahl, der neben dem Zement für Beton erforderlich ist, noch gar nicht berücksichtigt, ebensowenig die unzähligen synthetischen Baustoffe.

Nachwachsende Rohstoffe sind vor so einem Hintergrund wichtiger denn je. Wir benötigen dringend Alternativen zu so belastenden Technologien. Holz ist da die erste Wahl, die wichtigste Antwort. Aber auch Holz hilft nur, wenn es aus nachhaltig bewirtschafteten Wäldern kommt und bei der Verarbeitung nicht vergiftet wird. Es muss rein bleiben, damit es jederzeit wiederverwertet und nach Jahrhunderten rückstandsfrei zu Asche und Humus werden kann.

Das Wissen um Naturrhythmen, die richtige Holzernte, das Mondholz können jedes chemische Holzschutzmittel überflüssig machen. Wer Mondholz verwendet, muss nicht vergiften. Das leben all die jahrhunderte- und jahrtausendealten Holzbauten, die uns von unseren Vorfahren hinterlassen wurden, eindrucksvoll vor. Ernst Zürcher hat endlich die wissenschaftlichen Nachweise für diese Wirkungen erbracht. Damit wird allen Menschen, allen Handwerkern, jedem privaten Bauherrn, allen, die in gutem Willen mit der Natur gesunde Häuser bauen wollen, der Rücken frei gehalten. Niemandem, der Häuser aus dem Holz unserer Wälder mit der Kraft der Natur baut, kann Esoterik oder irrationales Handeln vorgeworfen werden. Vielmehr müssen diejenigen zur Rechenschaft gezogen werden, die immer noch für ihren kurzfristigen Profit Bausondermüll hinterlassen, von dem keiner weiß, wie er entsorgt werden kann.

Die Bäume danken Ernst Zürcher, wir schließen uns gerne an!

DER PULS DER ERDE

Neben allen Erkenntnissen über Holz, Bäume und Werkstoffe bringen die Forschungen Zürchers noch ein wunderbares Geschenk für uns alle – auch für jene, die in der Stadt leben und mit diesen Themen sehr wenig zu tun haben.

Wir wissen, dass die Luft unserer Atmosphäre an der Erdoberfläche, auf der wir uns bewegen, einen bestimmten Luftdruck aufbaut. Vom Wetterbericht kennen wir den Zusammenhang von sich änderndem Luftdruck mit dem Wettergeschehen. Bei Hochdruck wird und bleibt es schön, bei Tiefdruck kommen Wolken und Regen. Mit der Veränderung des Wetters verschiebt sich der Luftdruck also laufend. Es gibt aber auch sehr lange, stabile Wetterphasen, in denen der Luftdruck praktisch unverändert ist.

In solchen Zeiten kann man mit feinen Messgeräten wieder eine erstaunliche Entdeckung machen. Der Druck der Luft schwankt nämlich nicht nur durch und mit den Wetteränderungen. Er vollzieht ganz unabhängig davon immerzu feine, pulsierende Schwankungen, die genau mit den Gezeiten der Meere zusammenstimmen.

Wenn man die Kurve der Gezeiten über die Kurve der pulsierenden Luftdruckbewegung (die nicht vom Wetter ausgelöst ist) legt, dann zeigt das Bild zwei gleichermaßen pulsierende Medien. Das Wasser im Meer hebt und senkt sich, gleichzeitig steigt und senkt sich der Druck der Luft darüber. Es ist, als wäre der Meeresboden der Bauch eines Riesen, der ruhig schläft, ein- und ausatmet und rhythmisch dabei seine Bauchdecke hebt und senkt. Das Wasser darüber macht die Bewegung als Ebbe und Flut mit, die Luft über Wasser und Land trägt es weiter fort in ihren Druckschwankungen.

Doch damit noch nicht genug. Tragen wir in dieses Bild eine dritte Kurve ein, so ist die Überraschung perfekt. Die Messreihen des elektrischen Baumpotenzials passen in ihrem Auf- und Niederschwanken genau zu den Gezeitenbewegungen und zu den Luftdruckschwankungen. Das Meer, die Luft, die Bäume – sie alle und wohl auch wir bis in unser Tiefstes, Innerstes hinein sind mit dem ganzen Kosmos verbunden, verwoben, wir atmen und pulsieren gemeinsam. Bis in das geheimste Leben der Bäume reicht der Gleichklang zu den großen Meeren und allen Lüften dieses wunderbaren Planeten. Es ist der Mond, der das universelle Leben, dessen Teil wir sind, in rhythmischer Ordnung verlässlich und unaufgeregt steuert.

DAS GANZE

Ernst Zürcher hat die Kette vom elektromagnetischen Potenzial der Bäume bis zur besseren Haltbarkeit von Mondholz mit seinen wissenschaftlichen Arbeiten schließen können. Er hat aber – wohl unabsichtlich – durch diese naturwissenschaftliche Forschungsarbeit auch einen wichtigen philosophischen Beitrag geleistet.

Zu gerne haben wir Menschen der modernen Industriegesellschaften uns selbst als Steuermänner und Kapitäne des Weltgeschehens gesehen. In einem mechanistischen Weltbild, in dem alle Lebewesen angeblich so funktionieren, als wären sie von uns lenkbare Maschinen, glaubten wir stets zu wissen, wo die Stellschrauben sind, damit sich alles in unserem Sinn dreht. Auch viele Vertreter der Wissenschaften arbeiteten fleißig daran, diese Illusion aufrechtzuerhalten. Macht über alles und jeden zu haben, ist eben eine verlockend süße Droge, die wir intensiv konsumieren. Wie unfähig die Menschheit heute tatsächlich ist, die richtigen Entscheidungen zu treffen, damit es allen gut geht, das zeigt ein Blick auf die Fakten: Artensterben rasanter als je zuvor, Klimawandel, Weltmeere voller Plastikmüll, Agrarindustrien, die Regenwälder und fruchtbare Böden zerstören; im Sozialen mehr Kriege, Hunger und Ungerechtigkeit als je zuvor, die Aushöhlung der Demokratien durch Finanz- und Wirtschaftsmonopole, ein Gesundheitssystem, das sich immer noch weitgehend mechanistisch mit Chemikalien oft hilflos an äußeren Symptomen versucht, Migrationswellen, weil unsere Rohstoffkriege ganze Regionen unbewohnbar machen – die Liste der Erfolglosigkeit dieses absoluten Machtanspruches der Menschen auf Erden ließe sich lange fortsetzen.

Die drängenden Probleme werden heute zwar wenigstens erkannt und nicht mehr geleugnet. Unsere Lösungsansätze sind bisher aber immer aus demselben System, in denselben Denkstrukturen entstanden. Aber bereits Albert Einstein erklärte, dass ein Problem niemals in dem System (und in dem Denken) gelöst werden kann, in dem es entstanden ist.

Genau in diese Zeit kommen nun die Entdeckungen Ernst Zürchers. Es gibt Kräfte und Rhythmen auf dieser Welt, die nicht nur die Weltmeere oder die Lüfte der Atmosphäre im Takt der Gezeiten pulsieren lassen. Wie erstaunlich, dass auch Bäume, die jeder für sich über ein einzigartiges elektromagnetisches Potenzialfeld verfügen, genau in diesem Potenzial im gleichen Takt mitschwingen. Dadurch verändern sich die molekularen Bindungskräfte in ihrem Inneren nach demselben Rhythmus. Molekulare Bindungskräfte sind aber entscheidend für jedes Leben, für seine Formen, für alle Säfte, Essenzen und Zusammensetzungen im Inneren. Letztlich zeigt uns Professor Zürcher, dass Bäume sogar im Durchmesser ihres Stammes nach der Monduhr pulsieren. Was die uralten Holzbaumeister aus Erfahrung wussten, wird hier vor unseren Augen wissenschaftlich bewiesen. Sogar die Qualität des Holzes wird vom silbernen Mond angezeigt.

Und wir Menschen, sind wir immer noch von all dem unberührte Kapitäne, die angeblich alles durchschauen und steuern können? Oder sitzen wir am Ende mit den Bäumen ganz brüderlich im selben Boot? Wird auch unser Leben, werden auch unsere Zellen ganz wesentlich durch die Natur, durch ihre Rhythmik gesteuert? Sind wir genau gleich in das ganze Geschehen verwoben? Sind wir am Ende nur ein gleich kleiner Mitspieler in der milliardenfachen Artenvielfalt von Mutter Erde? Die Nachweise Zürchers, dass das Leben der Bäume, ihre inneren Molekülverbindungen ewig mit dem Pulsieren der Meere und den Bewegungen der Lüfte verbunden sind, lassen uns ahnen, wie sehr auf dieser Welt alles mit allem verbunden ist.

Unsere Menschenkörper, diese Wohnungen unserer Seele, solange wir zu Gast auf Erden sein dürfen, bilden da wohl keine Ausnahme. Auch wir sind mitschwingender, mitpulsierender, verbundener Teil des Ganzen. Vor ungefähr 2.000 Jahren sagte ein Mann: „Was ihr dem geringsten meiner Brüder und Schwestern antut, das habt ihr mir angetan!“ Darin liegt auch der Hinweis – alles gehört zusammen. Die Auswirkung dieser Denkänderung ist radikal. Wer sich nicht mehr als Bestimmender auf dem Kutschbock mit der Peitsche und den lenkenden Zügeln in der Hand sieht, sondern als Teil des Ganzen, der kann nicht mehr um des Profits willen die Welt zerstören und Kriege anzetteln. Jede Zerstörung trifft letztlich uns selbst, auch denjenigen, der sie verursacht hat. Die naturwissenschaftlichen Nachweise Professor Zürchers führen uns vor Augen, wie brüderlich wir mit Bäumen und ihrem Holz, mit der ganzen Natur verbunden sind. Das Spüren dieser innigen Verbindung stellt eine wichtige Voraussetzung dar auf dem Weg zu einem Wirtschafts- und Gesellschaftsmodell, das auch für unsere Nachkommen gut ist. Richtig gut ist unser Wirken auf Erden erst dann, wenn wir nicht nur für uns selbst hier waren, sondern auch für die Menschen nach uns gesorgt haben. Auch das machen die Bäume mit ihrer Humusbildung und Bodenverbesserung vor: Sie leben für jene, die nach ihnen kommen.

MONDRHYTHMEN UND STERNBILDER

Damit jene Leserinnen und Leser, die noch nie mit dieser Materie zu tun hatten, ein möglichst verständliches Bild von den Zusammenhängen erhalten, habe ich bisher immer nur vom zu- und abnehmenden Mond, von Vollmond und Neumond geschrieben. Das sind die uns so vertrauten Mondphasen, die wir Abend für Abend am Himmel sehen können. Dieser Zyklus wird auch als synodischer Mondzyklus zwischen Neu- und Vollmond bezeichnet. Er dauert genau 29,531 Tage.

Für all jene, die noch ein wenig tiefer in die Astronomie schauen möchten, sollen hier einige Ausführungen zu weiteren Zyklen eingerückt werden. Es gibt auch noch die rhythmische Drehung der Mondsichel nach oben und unten. Man spricht hier vom aufsteigenden und absteigenden Mond. Manchmal wird auch die Bezeichnung „über sich gehender" und „unter sich gehender Mond" oder mitunter tropischer Mondrhythmus dafür verwendet.

Interessanterweise stimmt dieser Rhythmus in der tiefen Saftruhe, also im Dezember, mit dem wohlbekannten zu- und abnehmenden Mond überein. Im Winter ist der zunehmende auch der über sich gehende Mond, der abnehmende auch der unter sich gehende. Im Sommer hingegen verschieben sich diese beiden Zyklen. Vielleicht ist das auch ein Grund, warum in der Saftzeit des Frühlings und Sommers stets von der Ernte des Bauholzes abgeraten wurde.

Auch hier könnte man sagen: „Reine Spekulation und Mythos!" Dazu gibt es aber auch ganzjährige Messungen des elektrischen

Spannungspotenzials einer Fichte und einer Zirbe aus einem Forschungsprojekt an der Universität Innsbruck.

Erstaunlicherweise pulst dieses Feld, wie schon vorher bei Ernst Zürcher erwähnt, im Winter, in der Saftruhe, in der von alters her empfohlenen Jahreszeit für die Bauholzernte, eindeutig mit dem zu- und abnehmenden, mit dem auf- und absteigenden Mond, mit beiden Zyklen, die sich jetzt ja decken, mit. In dem Maß, in dem im Frühling der tropische Mondzyklus mehr und mehr vom synodischen abweicht, weicht aber auch die Pulsung des elektrischen Feldes der Bäume von den Mondzyklen ab, um sich mehr und mehr den Sonnenrhythmen unterzuordnen. Im Spätherbst und Winter lenkt der Mond die Bäume, im Sommer übernimmt offenbar die Sonne den Dirigentenstab.

Wie wir nun alle wissen, ist winterliches Mondholz dauerhafter, dichter, es klingt sogar in der Geige besser als sommerliches Sonnenholz. Sommersonnenholz ist gekennzeichnet durch alle Kräfte des Wachstums, durch Zellteilung und Stoffwechsel. Das ist nicht die Zeit, in der wir im Wald das beste Holz ernten können.

Der dritte und letzte Mondrhythmus ist sein Weg von einem Tierkreiszeichen zum anderen. Der Mond ist astronomisch gesehen der Erde sehr nahe. Seine ewige Wanderung rund um unseren Globus vollzieht er vor all den unzähligen Sternen in seinem Rücken. Wir sehen also den Mond vor den Sternen dahinwandern. Dieser Weg ist in zwölf Abschnitte, eben die zwölf Sternbilder oder auch Tierkreiszeichen genannt, eingeteilt.

Neben den Hauptregeln, die zunehmende und abnehmende Mondphase betreffend, gab und gibt es viele Regeln, dass auch der Tag des Tierkreiszeichens einen Einfluss auf die Holzqualität hat. Für Bauholz besonders hervorgehoben werden hier Steinbock-, Stier- und Jungfrautage, also die sogenannten Erdzeichen. Auch Instrumentenbauer bevorzugen mitunter solche Termine.

In unseren eigenen Werkstätten haben wir eine Reihe von Probeserien solcher an verschiedenen Tierkreistagen geernteten Hölzer ausgewertet. Es war nicht möglich, technisch relevante Unterschiede für den Einsatz als Bauholz festzustellen. Das muss nicht heißen, dass es nicht auch hier feine und feinste Variationen gibt. Für den normalen Einsatz bei unseren Massivholzwänden, Decken und Dächern konnten wir jedenfalls keinen besonderen Vorteil an einem bestimmten Sternzeichen erkennen. Trotzdem habe ich bei ganz außergewöhnlich hohen Anforderungen, etwa bei Massivholzstehern, die formschlüssig hohe Glasfassaden tragen, immer auch noch diese Spezialregeln berücksichtigt – zum Beispiel einen Steinbocktag im abnehmenden Wintermond sozusagen als zusätzliche Sicherheit.

In jedem Fall sind bei so einem Einsatz aber der Wuchsstandort des Baumes, die Feinjährigkeit sowie die innere Spannungsfreiheit, also das Aufwachsen am geschützten Ort ohne äußere, einseitige Windangriffe oder Bodennachgiebigkeiten wichtiger als das Tierkreiszeichen bei der Ernte. Solche Sonderhölzer für anspruchsvoll formstabile Konstruktionen können nur vom erfahrenen Fachmann ausgesucht werden. An diesem Punkt zeigt sich der Wissensschatz des Geigenbauers oder des alten Tischlermeisters.

Im anhängenden Holzerntekalender habe ich neben den guten „normalen" Bauholzerntezeiten solche Tierkreistage für Sonderhölzer extra gekennzeichnet. Es ist wichtig zu wissen, dass dies eine persönliche Empfehlung ist. Es sind jene Tage, an denen ich die Arbeit durchführen würde.

Während die wissenschaftliche Beweiskette für die Wirksamkeit und den positiven Einfluss für die Ernte bei abnehmendem Mond in der Saftruhe geschlossen ist, liegen bezüglich Tierkreiszeichen keine schlüssigen Studien für messbare Unterschiede vor.

SONDERFALL BRENNHOLZ

Auch aus Gründen der einfacheren Darstellung habe ich bei der Beschreibung der Studien Ernst Zürchers die Erkenntnisse zum Brennholz weggelassen. Es gibt tatsächlich die messbare Tendenz, dass Holz vom abnehmenden Mond im getrockneten Zustand eine höhere Dichte und somit einen geringfügig höheren Heizwert hat.

Umgekehrt kann man beim Holz vom zunehmenden Mond eine leichtere Entzündbarkeit feststellen.

Zu Überlieferungen, dass Brennholz bei bestimmten Mondphasen in das Lager eingebracht werden soll, damit es besser trocknet und trocken bleibt, gibt es keine Studien.

Zusammenfassend kann man aber sagen, dass diese Unterschiede vernachlässigbar gering sind. Wesentlich wichtiger ist, wirklich nur gut abgelagertes und durch und durch trockenes Holz in den Ofen zu schieben.

MONDHOLZ IM SPITZENSPORT

Wie sehr all die Holzwunder und auch das wiederentdeckte Wissen unserer Vorfahren in die modernsten Bereiche des Lebens reichen, wie sehr sie dort zu Gesundheit, Qualität und Erfolg verhelfen können, das zeigt das Beispiel von Mondholz im Spitzensport.

Als wir Anfang der 2000er-Jahre Besuch in unserem Forschungszentrum bekamen, konnte ich noch nicht wissen, dass unser Mondholz auch noch Weltmeister und Olympiasieger werden sollte.

Zunächst staunten wir über die Gruppe von Technikern, die gemeinsam mit ihrem Entwicklungschef der bekannten Skifirma Head den Weg nach Goldegg in unser Holzforschungszentrum gefunden hatten. Ohne Umschweife klärten sie uns über ihre Absichten auf. Der Erfolg im internationalen Skisport ist ein sehr schmaler Grat, auf dem letztlich nur einer ganz oben stehen kann. Alle Athleten, sämtliche Bewerber und Firmen dahinter, versuchen natürlich mit dem allerbesten Material, dem ausgeklügeltsten Training und grenzenloser Disziplin die Siege zu erringen. Für die Skifirma hängt sehr viel davon ab, ob es gelingt, im Rennsport die Besten zu sein.

So weit war uns das selbstverständlich auch klar. Aber was treibt die Ski-Forschungsleute zu uns?

Der Entwicklungschef fuhr in seinen Erklärungen fort: „Bei den Rennskiern, die im Wettkampf eingesetzt werden, verwenden natürlich alle Mitbewerber das nur denkbar beste Material. Das tun alle und es ist nicht mehr möglich, hier einen Vorsprung herauszuholen. Aber Rennskier haben im Gegensatz zu den allermeisten Serienskiern noch eine Mittellamelle, also einen Kern aus massivem Holz. Trotz modernster Kunststoffe hat sich hier das Holz immer noch als bestes Material hinsichtlich Schwingungsverhalten, Stabilität, Torsionsverhalten und so weiter durchgesetzt und bewährt. Da fragen wir uns, wo wir das Holz in seiner besten Form bekommen können. Aus diesem Grund sitzen wir hier!"

Viele Augen richteten sich auf uns, auf meine Techniker und mich. Keiner unserer Leute wollte das Wort ergreifen und ein endlos lang wirkendes Schweigen lag im Raum.

„Aus meiner Sicht gibt es von uns nur eine Möglichkeit. Wir erzeugen ja sehr schöne Fußböden und auch Tischlerholz aus Esche. Dieses Holz ist unglaublich zäh, biegsam und bekannterweise ja das klassische Material für die Skiproduktion in früheren Zeiten. Wir haben durch die tollen Eigenschaften dieses Holzes relativ viel Material im Lager. Und da gibt es einige besonders lang gelagerte Pakete. Sie wissen ja, dass wir nur Mondholz verarbeiten. Wir können Ihnen daher sehr lange gelagertes Eschenholz in Mondholzqualität anbieten."

Die Head-Leute zeigten sich sehr interessiert an meinen Ausführungen. Sie wollten gleich wissen, wie lange diese Hölzer gelagert, besser müsste man sagen, gereift waren. Ich ließ noch einmal in der Lagerbuchhaltung nachsehen und telefonierte zur Sicherheit auch mit Herbert Steiner, dem Betriebsleiter unseres Hobelwerkes. Dann kehrte ich zum Besprechungstisch zurück und konnte das Ergebnis mitteilen. Die Eschen waren vor sieben Jahren in der Saftruhe bei abnehmendem Mond geerntet, im darauffolgenden Frühjahr eingeschnitten worden und seither als Brettware luftig gelagert.

Der Head-Entwicklungschef gab sich begeistert. „Sehen Sie, das ist es genau, was wir suchen. Eine Qualität, die über das unmittelbar Messbare hinausgeht. Im Spitzensport entscheidet immer das letzte Quäntchen, der allerletzte, feine Unterschied. Wir wissen hier am Tisch natürlich nicht, wie sich Ihr Holz verhält. Aber wir wollen es in jedem Fall mit all unseren Möglichkeiten testen

Der Autor mit dem Original-Mondholz-Rennski von Head.

Rennskier verfügen immer noch über eine Mittellage aus Echtholz.

und prüfen. Vielleicht wird es dann wirklich zum Ski für unsere Spitzenathleten.“

Nach diesem Besuch fertigten wir eine Reihe von Eschenlamellen aus dem besagten Holz an. Die Tests in der Skifirma liefen alle äußerst positiv und nach einiger Zeit erhielten wir tatsächlich die Nachricht, dass die damals noch viel jüngeren und auch noch beinahe unbekannten neuen Athleten auf einem Ski mit Mondholz aus unserem Haus starten werden.

Diese Rennläufer waren unter anderem Lindsey Vonn, Maria Riesch und Bode Miller. Der Rest ist Sportgeschichte. Über die vielen Erfolge dieser Ausnahmesportler, über alle Weltcup-, Weltmeister- und Olympiasiege wurde in den Folgejahren laufend berichtet. Was niemand wusste, war das Mondholzgeheimnis im Ski dieser Seriensieger. Wir bekamen neben dem vereinbarten Preis für unser Mondholz später noch einen jener Original-Head-Rennskier, der in unserer Ausstellung in Goldegg besichtigt werden kann.

Lindsey Vonn, Maria Riesch und Bode Miller, das sind noch nicht alle der äußerst erfolgreichen Sportler, denen Mondholz geholfen hat. Auch der erfolgreichste Sportler aller Zeiten, den es in Österreich je gab, vertraute auf Mondholz. Mehr noch, er holte sich seine Kraft von den Bäumen.

Sieben olympische Medaillen, so viele Olympiaerfolge verbuchte in Österreich nur der nordische Kombinierer Felix Gottwald.

Gottwald, der so viele Wettbewerbe in grandiosen und atemberaubenden Langlaufrennen für sich entscheiden konnte, stand auch eines Tages gemeinsam mit einem ihm ganz vertrauten Betreuer in unserem Forschungszentrum. Er war nicht angemeldet und ich erkundigte mich, was die beiden zu uns führt.

Freundliches Lachen, nein, sie bräuchten keine Beratung. Sie wollten selbst spüren, was das beste Haus sei. Das machte mich neugierig. Währenddessen fuhr der zweite Mann mit merkwürdigen Handbewegungen über unsere Muster und Holzelemente.

„Schau", erklärte Felix Gottwald die Situation, „das ist mein Energetiker. Der ist für mich wichtig, weil ich immer das allerbeste Material, den neuesten Anzug, die ausgeklügeltsten Wachskombinationen bekomme. Trotzdem gibt es vor jedem Rennen mehrere Möglichkeiten, die alle sehr, sehr gut sind. Da kannst du am Ende nicht mehr messen. Du musst es spüren, nach Gefühl und Intuition entscheiden. Nur wenn du auch dort die richtige Wahl triffst, kannst du siegen. Und heute suchen wir das Haus, das mir am allermeisten Energie und Lebenskraft gibt. Wir waren schon bei einer Reihe von Herstellern. Deshalb wollen wir auch keine Beratung oder Erklärung. Wir können es nur selbst spüren!"

Noch beim Besuch in unserem Haus fiel die Entscheidung, dass wir das Wohnhaus für Felix Gottwald aus unserem durch und durch massiven Mondholz bauen durften. Ein Haus als Energietankstelle für den jahrelang weltbesten Sportler in seiner Disziplin. Kann man so etwas belegen?

Wer die Studien des Professors Maximilian Moser von der Medizinuniversität Graz kennt, weiß, wie richtig Felix Gottwald und sein Energetiker mit ihrer Entscheidung gelegen sind. In jeder

Kann ein Vollholzhaus nicht nur unsere Gesundheit verbessern, sondern sogar die Leistungsfähigkeit der Top-Sportler fördern? Der Olympiasieger Felix Gottwald hat es ausprobiert.

Nacht erspart man sich in so einem Haus gegenüber einem konventionellen Bau die Herzarbeit von einer ganzen Stunde. Und das vegetative Nervensystem ist messbar ruhiger und entspannter, der Schlaf tiefer und erholsamer. Man braucht kein Mediziner zu sein, um zu begreifen, dass so ein Wohnraum besser und leistungsfördernder ist. Wie bei den Head-Rennläufern spricht auch bei Felix Gottwald sein einmaliger Erfolg für sich.

Nun wäre es freilich zu einfach gestrickt, würde man allen Erfolg auf das Holz zurückführen. Das ist keineswegs so gemeint. Felix Gottwald durfte ich in vielen Gesprächen und Treffen kennenlernen. Er ist zweifellos auch als Mensch in seiner Konsequenz und Zielstrebigkeit eine seltene Ausnahmepersönlichkeit. Und ohne Frage ist sein langer Weg bis zu den Welterfolgen von vielen Menschen, Faktoren und Materialien geprägt und begleitet.

Aber eines haben all diese Top-Athleten und ihre Betreuer gemeinsam: Sie begnügen sich nie mit dem, was angeblich am besten ist. Sie suchen stets noch dahinter weiter. Mit dem Wort oder der Vorstellung „mehr geht nicht“ können sie gar nichts anfangen. Sie bescheiden sich nicht mit dem, was man eben nimmt oder tut. Nur so haben sie es geschafft, in ihrer Disziplin für die gesamte Sportwelt die Latte neuerdings höher zu legen.

Felix Gottwald hat bei seinem Haus, bei seinem Schlafplatz die Frage gestellt, was ihn in seiner Leistungskraft noch mehr unterstützen könnte. Und er hat eine Lösung gefunden, die ihm perfekt schien. Der Head-Entwicklungschef hat nach dem Holz in seiner allerbesten Form jenseits des normal Messbaren gesucht. Herausgekommen ist für die Skifirma ein „Dream-Team“ in jeder Hinsicht.

Warum eigentlich sollten Sie und ich nicht auch diesen Anspruch in unserem Leben stellen? Warum sollen ganz gewöhnliche Menschen nicht vom Beispiel der erfolgreichsten Sportler lernen?

Unsere Mondholzlamellen für die Rennskier kosteten durch das geringe Volumen so wenig, dass es für die Entwickler praktisch unter der Wahrnehmungsgrenze war. Ein Vollholzhaus aus Mondholz können sich alle leisten, die sich auch ein normales Haus bauen können.

Das Argument, dass wir uns das Beste nicht leisten können, zählt zumindest beim Holz nicht. Hier geht es viel mehr um das Wissen darum. Wir müssen es wollen, uns engagieren und bereit sein, einmal vom angeblich bequemen, normalen Weg abzuweichen. Die Spitzensportler machen es uns vor und es ist auch ihre Botschaft für uns alle.

Es lohnt sich, für unser eigenes Leben wirkliche Qualität, das Echte und Wahrhaftige zu erwarten – es anzustreben. Der Lohn aus diesem Engagement ist immer ein Vielfaches von der Mühe, die wir vorher aufwenden.

Lassen wir die Bäume, lassen wir die Natur in ihrer besten Form in unser Leben. Das Wunder des Holzes beflügelt nicht nur die Spitzensportler. Es wird auch Sie und uns alle voranbringen, mit Lebenskraft und Gesundheit erfüllen.

3 DIE PRAKTISCHE ANWENDUNG

ERWIN THOMAS
HOLZ-MOND-KALENDER FÜR DIE JAHRE 2019–2029

Der Holz-Mond-Kalender für die Jahre 2019–2029 ist meine persönliche Empfehlung für zehn Jahre. Wann sind die guten Tage zur Holzernte oder zum Umschneiden des Christbaumes? Wann sollen Bäume gepflanzt oder ein kranker Baum gesund geschnitten werden? Was sind diese geheimnisvollen wenigen Tage zur Gewinnung von Instrumentenholz oder besonders standfester Spezialhölzer?

Bitte beachten Sie beim Gebrauch des Kalenders einige Hinweise:

Die Saftruhe, das Stehen des Saftstromes sowie die innere Vorbereitung auf den Winter setzen bei unseren Bäumen in Mitteleuropa unerwartet früh ein, nämlich in der letzten Augustwoche. Ebenso überraschend früh beginnt der Saftstrom, zumindest in tieferen Lagen, bereits wieder Ende Jänner. In alten Überlieferungen heißt es nicht umsonst: „Zu Fabian und Sebastian, da fängt der Saft zu fließen an." Im Gebirge, in eisig kalten Tälern und auf Schattseiten freilich kann sich das Frühlingserwachen noch Wochen und Monate hinausziehen.

Solche regionalen Unterschiede sollen stets berücksichtigt werden, wenn man seine besten Tage heraussucht. Die Holzerntetage im September sowie im Februar und Anfang März sind daher immer für Gebirgsstandorte angegeben, für solche Orte, an denen wegen Lawinen oder extremen Schneelagen im Hochwinter nicht gearbeitet werden kann.

Ähnliches gilt für Baumpflanztage, die im Mai und Juni eingetragen sind. Im tiefen Flachland haben Bäume zu dieser Zeit schon längst ausgetrieben und ein so spätes Verpflanzen würde ihnen hier sehr schaden. An der Waldgrenze oben schmilzt im Juni aber erst der letzte Schnee und die Frühjahrspflanzung kann erst jetzt geschehen. Ebenso funktionieren November- und Dezemberpflanztage verständlicherweise nur in frostfreien Zonen. Dort ist der späte Termin jedoch gerade für Obstbäume ideal.

Zuletzt soll noch erwähnt werden, dass die Holzerntezeiten vor allem durch die Arbeiten von Professor Ernst Zürcher wissenschaftlich unterlegt sind. Die anderen Zeiten sind persönliche Empfehlungen des Autors ohne Anspruch auf wissenschaftliche Bestätigung. Viele Überlieferungen, Gespräche und Erlebnisse mit Waldbauern und Förstern, Holzknechten und Baumfachleuten sowie meine eigene Intuition und Beobachtung bilden die Grundlagen dieser Aufzeichnungen.

Ein gutes Gelingen und vor allem viel Freude bei der Arbeit mit unseren Bäumen wünscht Ihr

Erwin Thoma

BILDLEGENDE

 Bauholz ernten	 Spezialhölzer ernten	 Bäume pflanzen
 Christbäume und Zierreisig	 Obstbaumschnitt	 Baumdoktor Gesund schneiden

farbige Hinterlegung im Kalender =
Zeit des abnehmenden Mondes

2019

JANUAR	FEBRUAR	MÄRZ	APRIL	MAI	JUNI
D 1	F 1	F 1	M 1	M 1	S 1
M 2	S 2	S 2	D 2	D 2	S 2
D 3	S 3	S 3	M 3	F 3	M 3
F 4	M 4	M 4	D 4	S 4	D 4
S 5	D 5	D 5	F 5	S 5	M 5
S 6	M 6	M 6	S 6	M 6	D 6
M 7	D 7	D 7	S 7	D 7	F 7
D 8	F 8	F 8	M 8	M 8	S 8
M 9	S 9	S 9	D 9	D 9	S 9
D 10	S 10	S 10	M 10	F 10	M 10
F 11	M 11	M 11	D 11	S 11	D 11
S 12	D 12	D 12	F 12	S 12	M 12
S 13	M 13	M 13	S 13	M 13	D 13
M 14	D 14	D 14	S 14	D 14	F 14
D 15	F 15	F 15	M 15	M 15	S 15
M 16	S 16	S 16	D 16	D 16	S 16
D 17	S 17	S 17	M 17	F 17	M 17
F 18	M 18	M 18	D 18	S 18	D 18
S 19	D 19	D 19	F 19	S 19	M 19
S 20	M 20	M 20	S 20	M 20	D 20
M 21	D 21	D 21	S 21	D 21	F 21
D 22	F 22	F 22	M 22	M 22	S 22
M 23	S 23	S 23	D 23	D 23	S 23
D 24	S 24	S 24	M 24	F 24	M 24
F 25	M 25	M 25	D 25	S 25	D 25
S 26	D 26	D 26	F 26	S 26	M 26
S 27	M 27	M 27	S 27	M 27	D 27
M 28	D 28	D 28	S 28	D 28	F 28
D 29		F 29	M 29	M 29	S 29
M 30		S 30	D 30	D 30	S 30
D 31		S 31		F 31	

JULI	AUGUST	SEPTEMBER	OKTOBER	NOVEMBER	DEZEMBER
M 1	D 1	S 1	D 1	F 1	S 1
D 2	F 2	M 2	M 2	S 2	M 2
M 3	S 3	D 3	D 3	S 3	D 3
D 4	S 4	M 4	F 4	M 4	M 4
F 5	M 5	D 5	S 5	D 5	D 5
S 6	D 6	F 6	S 6	M 6	F 6
S 7	M 7	S 7	M 7	D 7	S 7
M 8	D 8	S 8	D 8	F 8	S 8
D 9	F 9	M 9	M 9	S 9	M 9
M 10	S 10	D 10	D 10	S 10	D 10
D 11	S 11	M 11	F 11	M 11	M 11
F 12	M 12	D 12	S 12	D 12	D 12
S 13	D 13	F 13	S 13	M 13	F 13
S 14	M 14	S 14	M 14	D 14	S 14
M 15	D 15	S 15	D 15	F 15	S 15
D 16	F 16	M 16	M 16	S 16	M 16
M 17	S 17	D 17	D 17	S 17	D 17
D 18	S 18	M 18	F 18	M 18	M 18
F 19	M 19	D 19	S 19	D 19	D 19
S 20	D 20	F 20	S 20	M 20	F 20
S 21	M 21	S 21	M 21	D 21	S 21
M 22	D 22	S 22	D 22	F 22	S 22
D 23	F 23	M 23	M 23	S 23	M 23
M 24	S 24	D 24	D 24	S 24	D 24
D 25	S 25	M 25	F 25	M 25	M 25
F 26	M 26	D 26	S 26	D 26	D 26
S 27	D 27	F 27	S 27	M 27	F 27
S 28	M 28	S 28	M 28	D 28	S 28
M 29	D 29	S 29	D 29	F 29	S 29
D 30	F 30	M 30	M 30	S 30	M 30
M 31	S 31		D 31		D 31

2020

JANUAR	FEBRUAR	MÄRZ	APRIL	MAI	JUNI
M 1	S 1	S 1	M 1	F 1	M 1
D 2	S 2	M 2	D 2	S 2	D 2
F 3	M 3	D 3	F 3	S 3	M 3
S 4	D 4	M 4	S 4	M 4	D 4
S 5	M 5	D 5	S 5	D 5	F 5
M 6	D 6	F 6	M 6	M 6	S 6
D 7	F 7	S 7	D 7	D 7	S 7
M 8	S 8	S 8	M 8	F 8	M 8
D 9	S 9	M 9	D 9	S 9	D 9
F 10	M 10	D 10	F 10	S 10	M 10
S 11	D 11	M 11	S 11	M 11	D 11
S 12	M 12	D 12	S 12	D 12	F 12
M 13	D 13	F 13	M 13	M 13	S 13
D 14	F 14	S 14	D 14	D 14	S 14
M 15	S 15	S 15	M 15	F 15	M 15
D 16	S 16	M 16	D 16	S 16	D 16
F 17	M 17	D 17	F 17	S 17	M 17
S 18	D 18	M 18	S 18	M 18	D 18
S 19	M 19	D 19	S 19	D 19	F 19
M 20	D 20	F 20	M 20	M 20	S 20
D 21	F 21	S 21	D 21	D 21	S 21
M 22	S 22	S 22	M 22	F 22	M 22
D 23	S 23	M 23	D 23	S 23	D 23
F 24	M 24	D 24	F 24	S 24	M 24
S 25	D 25	M 25	S 25	M 25	D 25
S 26	M 26	D 26	S 26	D 26	F 26
M 27	D 27	F 27	M 27	M 27	S 27
D 28	F 28	S 28	D 28	D 28	S 28
M 29	S 29	S 29	M 29	F 29	M 29
D 30		M 30	D 30	S 30	D 30
F 31		D 31		S 31	

JULI	AUGUST	SEPTEMBER	OKTOBER	NOVEMBER	DEZEMBER
M 1	S 1	D 1	D 1 ○	S 1	D 1
D 2	S 2	M 2 ○	F 2	M 2	M 2
F 3	M 3 ○	D 3	S 3	D 3	D 3
S 4	D 4	F 4	S 4	M 4	F 4
S 5 ○	M 5	S 5	M 5	D 5	S 5
M 6	D 6	S 6	D 6	F 6	S 6
D 7	F 7	M 7	M 7	S 7	M 7
M 8	S 8	D 8	D 8	S 8 ◑	D 8 ◑
D 9	S 9	M 9	F 9	M 9	M 9
F 10	M 10	D 10 ◑	S 10 ◑	D 10	D 10
S 11	D 11 ◑	F 11	S 11	M 11	F 11
S 12	M 12	S 12	M 12	D 12	S 12
M 13 ◑	D 13	S 13	D 13	F 13	S 13
D 14	F 14	M 14	M 14	S 14	M 14 ●
M 15	S 15	D 15	D 15	S 15 ●	D 15
D 16	S 16	M 16	F 16 ●	M 16	M 16
F 17	M 17	D 17 ●	S 17	D 17	D 17
S 18	D 18	F 18	S 18	M 18	F 18
S 19	M 19 ●	S 19	M 19	D 19	S 19
M 20 ●	D 20	S 20	D 20	F 20	S 20
D 21	F 21	M 21	M 21	S 21	M 21
M 22	S 22	D 22	D 22	S 22 ◐	D 22 ◐
D 23	S 23	M 23	F 23 ◐	M 23	M 23
F 24	M 24	D 24 ◐	S 24	D 24	D 24
S 25	D 25 ◐	F 25	S 25	M 25	F 25
S 26	M 26	S 26	M 26	D 26	S 26
M 27 ◐	D 27	S 27	D 27	F 27	S 27
D 28	F 28	M 28	M 28	S 28	M 28
M 29	S 29	D 29	D 29	S 29	D 29
D 30	S 30	M 30	F 30	M 30 ○	M 30 ○
F 31	M 31		S 31 ○		D 31

2021

JANUAR	FEBRUAR	MÄRZ	APRIL	MAI	JUNI
F 1	M 1	M 1	D 1	S 1	D 1
S 2	D 2	D 2	F 2	S 2	M 2 ◑
S 3	M 3	M 3	S 3	M 3 ◑	D 3
M 4	D 4 ◑	D 4	S 4 ◑	D 4	F 4
D 5	F 5	F 5	M 5	M 5	S 5
M 6 ◑	S 6	S 6 ◑	D 6	D 6	S 6
D 7	S 7	S 7	M 7	F 7	M 7
F 8	M 8	M 8	D 8	S 8	D 8
S 9	D 9	D 9	F 9	S 9	M 9
S 10	M 10	M 10	S 10	M 10	D 10 ●
M 11	D 11 ●	D 11	S 11	D 11 ●	F 11
D 12	F 12	F 12	M 12 ●	M 12	S 12
M 13 ●	S 13	S 13 ●	D 13	D 13	S 13
D 14	S 14	S 14	M 14	F 14	M 14
F 15	M 15	M 15	D 15	S 15	D 15
S 16	D 16	D 16	F 16	S 16	M 16
S 17	M 17	M 17	S 17	M 17	D 17
M 18	D 18	D 18	S 18	D 18	F 18 ◐
D 19	F 19 ◐	F 19	M 19	M 19 ◐	S 19
M 20 ◐	S 20	S 20	D 20 ◐	D 20	S 20
D 21	S 21	S 21 ◐	M 21	F 21	M 21
F 22	M 22	M 22	D 22	S 22	D 22
S 23	D 23	D 23	F 23	S 23	M 23
S 24	M 24	M 24	S 24	M 24	D 24 ○
M 25	D 25	D 25	S 25	D 25	F 25
D 26	F 26	F 26	M 26	M 26 ○	S 26
M 27	S 27 ○	S 27	D 27 ○	D 27	S 27
D 28 ○	S 28	S 28 ○	M 28	F 28	M 28
F 29		M 29	D 29	S 29	D 29
S 30		D 30	F 30	S 30	M 30
S 31		M 31		M 31	

JULI	AUGUST	SEPTEMBER	OKTOBER	NOVEMBER	DEZEMBER
D 1	S 1	M 1	F 1	M 1	M 1
F 2	M 2	D 2	S 2	D 2	D 2
S 3	D 3	F 3	S 3	M 3	F 3
S 4	M 4	S 4	M 4	D 4	S 4
M 5	D 5	S 5	D 5	F 5	S 5
D 6	F 6	M 6	M 6	S 6	M 6
M 7	S 7	D 7	D 7	S 7	D 7
D 8	S 8	M 8	F 8	M 8	M 8
F 9	M 9	D 9	S 9	D 9	D 9
S 10	D 10	F 10	S 10	M 10	F 10
S 11	M 11	S 11	M 11	D 11	S 11
M 12	D 12	S 12	D 12	F 12	S 12
D 13	F 13	M 13	M 13	S 13	M 13
M 14	S 14	D 14	D 14	S 14	D 14
D 15	S 15	M 15	F 15	M 15	M 15
F 16	M 16	D 16	S 16	D 16	D 16
S 17	D 17	F 17	S 17	M 17	F 17
S 18	M 18	S 18	M 18	D 18	S 18
M 19	D 19	S 19	D 19	F 19	S 19
D 20	F 20	M 20	M 20	S 20	M 20
M 21	S 21	D 21	D 21	S 21	D 21
D 22	S 22	M 22	F 22	M 22	M 22
F 23	M 23	D 23	S 23	D 23	D 23
S 24	D 24	F 24	S 24	M 24	F 24
S 25	M 25	S 25	M 25	D 25	S 25
M 26	D 26	S 26	D 26	F 26	S 26
D 27	F 27	M 27	M 27	S 27	M 27
M 28	S 28	D 28	D 28	S 28	D 28
D 29	S 29	M 29	F 29	M 29	M 29
F 30	M 30	D 30	S 30	D 30	D 30
S 31	D 31		S 31		F 31

2022

JANUAR	FEBRUAR	MÄRZ	APRIL	MAI	JUNI
S 1	D 1 ●	D 1	F 1 ●	S 1	M 1
S 2 ●	M 2	M 2 ●	S 2	M 2	D 2
M 3	D 3	D 3	S 3	D 3	F 3
D 4	F 4	F 4	M 4	M 4	S 4
M 5	S 5	S 5	D 5	D 5	S 5
D 6	S 6	S 6	M 6	F 6	M 6
F 7	M 7	M 7	D 7	S 7	D 7
S 8	D 8	D 8	F 8	S 8	M 8
S 9	M 9	M 9	S 9	M 9	D 9
M 10	D 10	D 10	S 10	D 10	F 10
D 11	F 11	F 11	M 11	M 11	S 11
M 12	S 12	S 12	D 12	D 12	S 12
D 13	S 13	S 13	M 13	F 13	M 13
F 14	M 14	M 14	D 14	S 14	D 14 ○
S 15	D 15	D 15	F 15	S 15	M 15
S 16	M 16 ○	M 16	S 16 ○	M 16 ○	D 16
M 17	D 17	D 17	S 17	D 17	F 17
D 18 ○	F 18	F 18 ○	M 18	M 18	S 18
M 19	S 19	S 19	D 19	D 19	S 19
D 20	S 20	S 20	M 20	F 20	M 20
F 21	M 21	M 21	D 21	S 21	D 21
S 22	D 22	D 22	F 22	S 22	M 22
S 23	M 23	M 23	S 23	M 23	D 23
M 24	D 24	D 24	S 24	D 24	F 24
D 25	F 25	F 25	M 25	M 25	S 25
M 26	S 26	S 26	D 26	D 26	S 26
D 27	S 27	S 27	M 27	F 27	M 27
F 28	M 28	M 28	D 28	S 28	D 28
S 29		D 29	F 29	S 29	M 29 ●
S 30		M 30	S 30 ●	M 30 ●	D 30
M 31		D 31		D 31	

JULI	AUGUST	SEPTEMBER	OKTOBER	NOVEMBER	DEZEMBER
F 1	M 1	D 1	S 1	D 1	D 1
S 2	D 2	F 2	S 2	M 2	F 2
S 3	M 3	S 3	M 3	D 3	S 3
M 4	D 4	S 4	D 4	F 4	S 4
D 5	F 5	M 5	M 5	S 5	M 5
M 6	S 6	D 6	D 6	S 6	D 6
D 7	S 7	M 7	F 7	M 7	M 7
F 8	M 8	D 8	S 8	D 8 ○	D 8 ○
S 9	D 9	F 9	S 9 ○	M 9	F 9
S 10	M 10	S 10 ○	M 10	D 10	S 10
M 11	D 11	S 11	D 11	F 11	S 11
D 12	F 12 ○	M 12	M 12	S 12	M 12
M 13 ○	S 13	D 13	D 13	S 13	D 13
D 14	S 14	M 14	F 14	M 14	M 14
F 15	M 15	D 15	S 15	D 15	D 15
S 16	D 16	F 16	S 16	M 16	F 16
S 17	M 17	S 17	M 17	D 17	S 17
M 18	D 18	S 18	D 18	F 18	S 18
D 19	F 19	M 19	M 19	S 19	M 19
M 20	S 20	D 20	D 20	S 20	D 20
D 21	S 21	M 21	F 21	M 21	M 21
F 22	M 22	D 22	S 22	D 22	D 22
S 23	D 23	F 23	S 23	M 23 ●	F 23 ●
S 24	M 24	S 24	M 24	D 24	S 24
M 25	D 25	S 25 ●	D 25 ●	F 25	S 25
D 26	F 26	M 26	M 26	S 26	M 26
M 27	S 27 ●	D 27	D 27	S 27	D 27
D 28 ♊ ●	S 28	M 28	F 28	M 28	M 28
F 29	M 29	D 29	S 29	D 29	D 29
S 30	D 30	F 30	S 30	M 30	F 30
S 31	M 31		M 31		S 31

2023

JANUAR	FEBRUAR	MÄRZ	APRIL	MAI	JUNI
S 1	M 1	M 1	S 1	M 1	D 1
M 2	D 2	D 2	S 2	D 2	F 2
D 3	F 3	F 3	M 3	M 3	S 3
M 4	S 4	S 4	D 4	D 4	S 4 ○
D 5	S 5 ○	S 5	M 5	F 5 ○	M 5
F 6	M 6	M 6	D 6 ○	S 6	D 6
S 7 ○	D 7	D 7 ○	F 7	S 7	M 7
S 8	M 8	M 8	S 8	M 8	D 8
M 9	D 9	D 9	S 9	D 9	F 9
D 10	F 10	F 10	M 10	M 10	S 10
M 11	S 11	S 11	D 11	D 11	S 11
D 12	S 12	S 12	M 12	F 12	M 12
F 13	M 13	M 13	D 13	S 13	D 13
S 14	D 14	D 14	F 14	S 14	M 14
S 15	M 15	M 15	S 15	M 15	D 15
M 16	D 16	D 16	S 16	D 16	F 16
D 17	F 17	F 17	M 17	M 17	S 17
M 18	S 18	S 18	D 18	D 18	S 18 ●
D 19	S 19	S 19	M 19	F 19 ●	M 19
F 20	M 20 ●	M 20	D 20 ●	S 20	D 20
S 21 ●	D 21	D 21 ●	F 21	S 21	M 21
S 22	M 22	M 22	S 22	M 22	D 22
M 23	D 23	D 23	S 23	D 23	F 23
D 24	F 24	F 24	M 24	M 24	S 24
M 25	S 25	S 25	D 25	D 25	S 25
D 26	S 26	S 26	M 26	F 26	M 26
F 27	M 27	M 27	D 27	S 27	D 27
S 28	D 28	D 28	F 28	S 28	M 28
S 29		M 29	S 29	M 29	D 29
M 30		D 30	S 30	D 30	F 30
D 31		F 31		M 31	

JULI	AUGUST	SEPTEMBER	OKTOBER	NOVEMBER	DEZEMBER
S 1	D 1 ○	F 1	S 1	M 1	F 1
S 2	M 2	S 2	M 2	D 2	S 2
M 3 ○	D 3	S 3	D 3	F 3	S 3
D 4	F 4	M 4	M 4	S 4	M 4
M 5	S 5	D 5	D 5	S 5	D 5
D 6	S 6	M 6	F 6	M 6	M 6
F 7	M 7	D 7	S 7	D 7	D 7
S 8	D 8	F 8	S 8	M 8	F 8
S 9	M 9	S 9	M 9	D 9	S 9
M 10	D 10	S 10	D 10	F 10	S 10
D 11	F 11	M 11	M 11	S 11	M 11
M 12	S 12	D 12	D 12	S 12	D 12
D 13	S 13	M 13	F 13	M 13 ●	M 13 ●
F 14	M 14	D 14	S 14 ●	D 14	D 14
S 15	D 15	F 15 ●	S 15	M 15	F 15
S 16	M 16 ●	S 16	M 16	D 16	S 16
M 17 ●	D 17	S 17	D 17	F 17	S 17
D 18	F 18	M 18	M 18	S 18	M 18
M 19	S 19	D 19	D 19	S 19	D 19
D 20	S 20	M 20	F 20	M 20	M 20
F 21	M 21	D 21	S 21	D 21	D 21
S 22	D 22	F 22	S 22	M 22	F 22
S 23	M 23	S 23	M 23	D 23	S 23
M 24	D 24	S 24	D 24	F 24	S 24
D 25	F 25	M 25	M 25	S 25	M 25
M 26	S 26	D 26	D 26	S 26	D 26
D 27	S 27	M 27	F 27	M 27 ○	M 27 ○
F 28	M 28	D 28	S 28 ○	D 28	D 28
S 29	D 29	F 29 ○	S 29	M 29	F 29
S 30	M 30	S 30	M 30	D 30	S 30
M 31	D 31 ○		D 31		S 31

2024

JANUAR	FEBRUAR	MÄRZ	APRIL	MAI	JUNI
M 1	D 1	F 1	M 1	M 1	S 1
D 2	F 2	S 2	D 2	D 2	S 2
M 3	S 3	S 3	M 3	F 3	M 3
D 4	S 4	M 4	D 4	S 4	D 4
F 5	M 5	D 5	F 5	S 5	M 5
S 6	D 6	M 6	S 6	M 6	D 6 ●
S 7	M 7	D 7	S 7	D 7	F 7
M 8	D 8	F 8	M 8 ●	M 8 ●	S 8
D 9	F 9 ●	S 9	D 9	D 9	S 9
M 10	S 10	S 10 ●	M 10	F 10	M 10
D 11 ●	S 11	M 11	D 11	S 11	D 11
F 12	M 12	D 12	F 12	S 12	M 12
S 13	D 13	M 13	S 13	M 13	D 13
S 14	M 14	D 14	S 14	D 14	F 14
M 15	D 15	F 15	M 15	M 15	S 15
D 16	F 16	S 16	D 16	D 16	S 16
M 17	S 17	S 17	M 17	F 17	M 17
D 18	S 18	M 18	D 18	S 18	D 18
F 19	M 19	D 19	F 19	S 19	M 19
S 20	D 20	M 20	S 20	M 20	D 20
S 21	M 21	D 21	S 21	D 21	F 21
M 22	D 22	F 22	M 22	M 22	S 22 ○
D 23	F 23	S 23	D 23	D 23 ○	S 23
M 24	S 24 ○	S 24	M 24 ○	F 24	M 24
D 25 ○	S 25	M 25 ○	D 25	S 25	D 25
F 26	M 26	D 26	F 26	S 26	M 26
S 27	D 27	M 27	S 27	M 27	D 27
S 28	M 28	D 28	S 28	D 28	F 28
M 29	D 29	F 29	M 29	M 29	S 29
D 30		S 30	D 30	D 30	S 30
M 31		S 31		F 31	

JULI	AUGUST	SEPTEMBER	OKTOBER	NOVEMBER	DEZEMBER
M 1	D 1	S 1	D 1	F 1 ●	S 1 ●
D 2	F 2	M 2	M 2 ●	S 2	M 2
M 3	S 3	D 3 ●	D 3	S 3	D 3
D 4	S 4 ●	M 4	F 4	M 4	M 4
F 5 ●	M 5	D 5	S 5	D 5	D 5
S 6	D 6	F 6	S 6	M 6	F 6
S 7	M 7	S 7	M 7	D 7	S 7
M 8	D 8	S 8	D 8	F 8	S 8
D 9	F 9	M 9	M 9	S 9	M 9
M 10	S 10	D 10	D 10	S 10	D 10
D 11	S 11	M 11	F 11	M 11	M 11
F 12	M 12	D 12	S 12	D 12	D 12
S 13	D 13	F 13	S 13	M 13	F 13
S 14	M 14	S 14	M 14	D 14	S 14
M 15	D 15	S 15	D 15	F 15 ○	S 15 ○
D 16	F 16	M 16	M 16	S 16	M 16
M 17	S 17	D 17	D 17 ○	S 17	D 17
D 18	S 18	M 18 ○	F 18	M 18	M 18
F 19	M 19 ○	D 19	S 19	D 19	D 19
S 20	D 20	F 20	S 20	M 20	F 20
S 21 ○	M 21	S 21	M 21	D 21	S 21
M 22	D 22	S 22	D 22	F 22	S 22
D 23	F 23	M 23	M 23	S 23	M 23
M 24	S 24	D 24	D 24	S 24	D 24
D 25	S 25	M 25	F 25	M 25	M 25
F 26	M 26	D 26	S 26	D 26	D 26
S 27	D 27	F 27	S 27	M 27	F 27
S 28	M 28	S 28	M 28	D 28	S 28
M 29	D 29	S 29	D 29	F 29	S 29
D 30	F 30	M 30	M 30	S 30	M 30 ●
M 31	S 31		D 31		D 31

2025

JANUAR	FEBRUAR	MÄRZ	APRIL	MAI	JUNI
M 1	S 1	S 1	D 1	D 1	S 1
D 2	S 2	S 2	M 2	F 2	M 2
F 3	M 3	M 3	D 3	S 3	D 3
S 4	D 4	D 4	F 4	S 4	M 4
S 5	M 5	M 5	S 5	M 5	D 5
M 6	D 6	D 6	S 6	D 6	F 6
D 7	F 7	F 7	M 7	M 7	S 7
M 8	S 8	S 8	D 8	D 8	S 8
D 9	S 9	S 9	M 9	F 9	M 9
F 10	M 10	M 10	D 10	S 10	D 10
S 11	D 11	D 11	F 11	S 11	M 11 ○
S 12	M 12 ○	M 12	S 12	M 12 ○	D 12
M 13 ○	D 13	D 13	S 13 ○	D 13	F 13
D 14	F 14	F 14 ○	M 14	M 14	S 14
M 15	S 15	S 15	D 15	D 15	S 15
D 16	S 16	S 16	M 16	F 16	M 16
F 17	M 17	M 17	D 17	S 17	D 17
S 18	D 18	D 18	F 18	S 18	M 18
S 19	M 19	M 19	S 19	M 19	D 19
M 20	D 20	D 20	S 20	D 20	F 20
D 21	F 21	F 21	M 21	M 21	S 21
M 22	S 22	S 22	D 22	D 22	S 22
D 23	S 23	S 23	M 23	F 23	M 23
F 24	M 24	M 24	D 24	S 24	D 24
S 25	D 25	D 25	F 25	S 25	M 25 ●
S 26	M 26	M 26	S 26	M 26	D 26
M 27	D 27	D 27	S 27 ●	D 27 ●	F 27
D 28	F 28 ●	F 28	M 28	M 28	S 28
M 29 ●		S 29 ●	D 29	D 29	S 29
D 30		S 30	M 30	F 30	M 30
F 31		M 31		S 31	

JULI	AUGUST	SEPTEMBER	OKTOBER	NOVEMBER	DEZEMBER
D 1	F 1	M 1	M 1	S 1	M 1
M 2	S 2	D 2	D 2	S 2	D 2
D 3	S 3	M 3	F 3	M 3	M 3
F 4	M 4	D 4	S 4	D 4	D 4
S 5	D 5	F 5	S 5	M 5 ○	F 5 ○
S 6	M 6	S 6	M 6	D 6	S 6
M 7	D 7	S 7 ○	D 7 ○	F 7	S 7
D 8	F 8	M 8	M 8	S 8	M 8
M 9	S 9 ○	D 9	D 9	S 9	D 9
D 10 ○	S 10	M 10	F 10	M 10	M 10
F 11	M 11	D 11	S 11	D 11	D 11
S 12	D 12	F 12	S 12	M 12	F 12
S 13	M 13	S 13	M 13	D 13	S 13
M 14	D 14	S 14	D 14	F 14	S 14
D 15	F 15	M 15	M 15	S 15	M 15
M 16	S 16	D 16	D 16	S 16	D 16
D 17	S 17	M 17	F 17	M 17	M 17
F 18	M 18	D 18	S 18	D 18	D 18
S 19	D 19	F 19	S 19	M 19	F 19
S 20	M 20	S 20	M 20	D 20 ●	S 20 ●
M 21	D 21	S 21 ●	D 21 ●	F 21	S 21
D 22	F 22	M 22	M 22	S 22	M 22
M 23	S 23 ●	D 23	D 23	S 23	D 23
D 24 ●	S 24	M 24	F 24	M 24	M 24
F 25	M 25	D 25	S 25	D 25	D 25
S 26	D 26	F 26	S 26	M 26	F 26
S 27	M 27	S 27	M 27	D 27	S 27
M 28	D 28	S 28	D 28	F 28	S 28
D 29	F 29	M 29	M 29	S 29	M 29
M 30	S 30	D 30	D 30	S 30	D 30
D 31	S 31		F 31		M 31

2026

JANUAR	FEBRUAR	MÄRZ	APRIL	MAI	JUNI
D 1	S 1 ○	S 1	M 1	F 1 ○	M 1
F 2	M 2	M 2	D 2 ○	S 2	D 2
S 3 ○	D 3	D 3 ○	F 3	S 3	M 3
S 4	M 4	M 4	S 4	M 4	D 4
M 5	D 5	D 5	S 5	D 5	F 5
D 6	F 6	F 6	M 6	M 6	S 6
M 7	S 7	S 7	D 7	D 7	S 7
D 8	S 8	S 8	M 8	F 8	M 8
F 9	M 9	M 9	D 9	S 9	D 9
S 10	D 10	D 10	F 10	S 10	M 10
S 11	M 11	M 11	S 11	M 11	D 11
M 12	D 12	D 12	S 12	D 12	F 12
D 13	F 13	F 13	M 13	M 13	S 13
M 14	S 14	S 14	D 14	D 14	S 14
D 15	S 15	S 15	M 15	F 15	M 15 ●
F 16	M 16	M 16	D 16	S 16 ●	D 16
S 17	D 17 ●	D 17	F 17 ●	S 17	M 17
S 18 ●	M 18	M 18	S 18	M 18	D 18
M 19	D 19	D 19 ●	S 19	D 19	F 19
D 20	F 20	F 20	M 20	M 20	S 20
M 21	S 21	S 21	D 21	D 21	S 21
D 22	S 22	S 22	M 22	F 22	M 22
F 23	M 23	M 23	D 23	S 23	D 23
S 24	D 24	D 24	F 24	S 24	M 24
S 25	M 25	M 25	S 25	M 25	D 25
M 26	D 26	D 26	S 26	D 26	F 26
D 27	F 27	F 27	M 27	M 27	S 27
M 28	S 28	S 28	D 28	D 28	S 28
D 29		S 29	M 29	F 29	M 29
F 30		M 30	D 30	S 30	D 30 ○
S 31		D 31		S 31 ○	

JULI	AUGUST	SEPTEMBER	OKTOBER	NOVEMBER	DEZEMBER
M 1	S 1	D 1	D 1	S 1	D 1
D 2	S 2	M 2	F 2	M 2	M 2
F 3	M 3	D 3	S 3	D 3	D 3
S 4	D 4	F 4	S 4	M 4	F 4
S 5	M 5	S 5	M 5	D 5	S 5
M 6	D 6	S 6	D 6	F 6	S 6
D 7	F 7	M 7	M 7	S 7	M 7
M 8	S 8	D 8	D 8	S 8	D 8
D 9	S 9	M 9	F 9	M 9 ●	M 9 ●
F 10	M 10	D 10	S 10 ●	D 10	D 10
S 11	D 11	F 11 ●	S 11	M 11	F 11
S 12	M 12 ●	S 12	M 12	D 12	S 12
M 13	D 13	S 13	D 13	F 13	S 13
D 14 ●	F 14	M 14	M 14	S 14	M 14
M 15	S 15	D 15	D 15	S 15	D 15
D 16	S 16	M 16	F 16	M 16	M 16
F 17	M 17	D 17	S 17	D 17	D 17
S 18	D 18	F 18	S 18	M 18	F 18
S 19	M 19	S 19	M 19	D 19	S 19
M 20	D 20	S 20	D 20	F 20	S 20
D 21	F 21	M 21	M 21	S 21	M 21
M 22	S 22	D 22	D 22	S 22	D 22
D 23	S 23	M 23	F 23	M 23	M 23
F 24	M 24	D 24	S 24	D 24 ○	D 24 ○
S 25	D 25	F 25	S 25	M 25	F 25
S 26	M 26	S 26 ○	M 26 ○	D 26	S 26
M 27	D 27	S 27	D 27	F 27	S 27
D 28	F 28 ○	M 28	M 28	S 28	M 28
M 29 ○	S 29	D 29	D 29	S 29	D 29
D 30	S 30	M 30	F 30	M 30	M 30
F 31	M 31		S 31		D 31

2027

JANUAR	FEBRUAR	MÄRZ	APRIL	MAI	JUNI
F 1	M 1	M 1	D 1	S 1	D 1
S 2	D 2	D 2	F 2	S 2	M 2
S 3	M 3	M 3	S 3	M 3	D 3
M 4	D 4	D 4	S 4	D 4	F 4 ●
D 5	F 5	F 5	M 5	M 5	S 5
M 6	S 6 ●	S 6	D 6	D 6 ●	S 6
D 7 ●	S 7	S 7	M 7 ●	F 7	M 7
F 8	M 8	M 8 ●	D 8	S 8	D 8
S 9	D 9	D 9	F 9	S 9	M 9
S 10	M 10	M 10	S 10	M 10	D 10
M 11	D 11	D 11	S 11	D 11	F 11
D 12	F 12	F 12	M 12	M 12	S 12
M 13	S 13	S 13	D 13	D 13	S 13
D 14	S 14	S 14	M 14	F 14	M 14
F 15	M 15	M 15	D 15	S 15	D 15
S 16	D 16	D 16	F 16	S 16	M 16
S 17	M 17	M 17	S 17	M 17	D 17
M 18	D 18	D 18	S 18	D 18	F 18
D 19	F 19	F 19	M 19	M 19	S 19 ○
M 20	S 20	S 20	D 20 ○	D 20 ○	S 20
D 21	S 21 ○	S 21	M 21	F 21	M 21
F 22 ○	M 22	M 22 ○	D 22	S 22	D 22
S 23	D 23	D 23	F 23	S 23	M 23
S 24	M 24	M 24	S 24	M 24	D 24
M 25	D 25	D 25	S 25	D 25	F 25
D 26	F 26	F 26	M 26	M 26	S 26
M 27	S 27	S 27	D 27	D 27	S 27
D 28	S 28	S 28	M 28	F 28	M 28
F 29		M 29	D 29	S 29	D 29
S 30		D 30	F 30	S 30	M 30
S 31		M 31		M 31	

JULI	AUGUST	SEPTEMBER	OKTOBER	NOVEMBER	DEZEMBER
D 1	S 1	M 1	F 1	M 1	M 1
F 2	M 2 ●	D 2	S 2	D 2	D 2
S 3	D 3	F 3	S 3	M 3	F 3
S 4 ●	M 4	S 4	M 4	D 4	S 4
M 5	D 5	S 5	D 5	F 5	S 5
D 6	F 6	M 6	M 6	S 6	M 6
M 7	S 7	D 7	D 7	S 7	D 7
D 8	S 8	M 8	F 8	M 8	M 8
F 9	M 9	D 9	S 9	D 9	D 9
S 10	D 10	F 10	S 10	M 10	F 10
S 11	M 11	S 11	M 11	D 11	S 11
M 12	D 12	S 12	D 12	F 12	S 12
D 13	F 13	M 13	M 13	S 13	M 13 ○
M 14	S 14	D 14	D 14	S 14 ○	D 14
D 15	S 15	M 15	F 15 ○	M 15	M 15
F 16	M 16	D 16 ○	S 16	D 16	D 16
S 17	D 17 ○	F 17	S 17	M 17	F 17
S 18 ○	M 18	S 18	M 18	D 18	S 18
M 19	D 19	S 19	D 19	F 19	S 19
D 20	F 20	M 20	M 20	S 20	M 20
M 21	S 21	D 21	D 21	S 21	D 21
D 22	S 22	M 22	F 22	M 22	M 22
F 23	M 23	D 23	S 23	D 23	D 23
S 24	D 24	F 24	S 24	M 24	F 24
S 25	M 25	S 25	M 25	D 25	S 25
M 26	D 26	S 26	D 26	F 26	S 26
D 27	F 27	M 27	M 27	S 27	M 27 ●
M 28	S 28	D 28	D 28	S 28 ●	D 28
D 29	S 29	M 29	F 29 ●	M 29	M 29
F 30	M 30	D 30 ●	S 30	D 30	D 30
S 31	D 31 ●		S 31		F 31

2028

JANUAR	FEBRUAR	MÄRZ	APRIL	MAI	JUNI
S 1	D 1	M 1	S 1	M 1	D 1
S 2	M 2	D 2	S 2	D 2	F 2
M 3	D 3	F 3	M 3	M 3	S 3
D 4	F 4	S 4	D 4	D 4	S 4
M 5	S 5	S 5	M 5	F 5	M 5
D 6	S 6	M 6	D 6	S 6	D 6
F 7	M 7	D 7	F 7	S 7	M 7 ○
S 8	D 8	M 8	S 8	M 8 ○	D 8
S 9	M 9	D 9	S 9 ○	D 9	F 9
M 10	D 10 ○	F 10	M 10	M 10	S 10
D 11	F 11	S 11 ○	D 11	D 11	S 11
M 12 ○	S 12	S 12	M 12	F 12	M 12
D 13	S 13	M 13	D 13	S 13	D 13
F 14	M 14	D 14	F 14	S 14	M 14
S 15	D 15	M 15	S 15	M 15	D 15
S 16	M 16	D 16	S 16	D 16	F 16
M 17	D 17	F 17	M 17	M 17	S 17
D 18	F 18	S 18	D 18	D 18	S 18
M 19	S 19	S 19	M 19	F 19	M 19
D 20	S 20	M 20	D 20	S 20	D 20
F 21	M 21	D 21	F 21	S 21	M 21
S 22	D 22	M 22	S 22	M 22	D 22 ●
S 23	M 23	D 23	S 23	D 23	F 23
M 24	D 24	F 24	M 24 ●	M 24 ●	S 24
D 25	F 25 ●	S 25	D 25	D 25	S 25
M 26 ●	S 26	S 26 ●	M 26	F 26	M 26
D 27	S 27	M 27	D 27	S 27	D 27
F 28	M 28	D 28	F 28	S 28	M 28
S 29	D 29	M 29	S 29	M 29	D 29
S 30		D 30	S 30	D 30	F 30
M 31		F 31		M 31	

JULI	AUGUST	SEPTEMBER	OKTOBER	NOVEMBER	DEZEMBER
D 1	S 1	M 1	F 1	M 1	M 1
F 2	M 2	D 2	S 2	D 2 ○	D 2 ○
S 3	D 3	F 3	S 3 ○	M 3	F 3
S 4	M 4	S 4 ○	M 4	D 4	S 4
M 5	D 5 ○	S 5	D 5	F 5	S 5
D 6 ○	F 6	M 6	M 6	S 6	M 6
M 7	S 7	D 7	D 7	S 7	D 7
D 8	S 8	M 8	F 8	M 8	M 8
F 9	M 9	D 9	S 9	D 9	D 9
S 10	D 10	F 10	S 10	M 10	F 10
S 11	M 11	S 11	M 11	D 11	S 11
M 12	D 12	S 12	D 12	F 12	S 12
D 13	F 13	M 13	M 13	S 13	M 13
M 14	S 14	D 14	D 14	S 14	D 14
D 15	S 15	M 15	F 15	M 15	M 15
F 16	M 16	D 16	S 16	D 16 ●	D 16 ●
S 17	D 17	F 17	S 17	M 17	F 17
S 18	M 18	S 18 ●	M 18 ●	D 18	S 18
M 19	D 19	S 19	D 19	F 19	S 19
D 20	F 20 ●	M 20	M 20	S 20	M 20
M 21	S 21	D 21	D 21	S 21	D 21
D 22 ●	S 22	M 22	F 22	M 22	M 22
F 23	M 23	D 23	S 23	D 23	D 23
S 24	D 24	F 24	S 24	M 24	F 24
S 25	M 25	S 25	M 25	D 25	S 25
M 26	D 26	S 26	D 26	F 26	S 26
D 27	F 27	M 27	M 27	S 27	M 27
M 28	S 28	D 28	D 28	S 28	D 28
D 29	S 29	M 29	F 29	M 29	M 29
F 30	M 30	D 30	S 30	D 30	D 30
S 31	D 31		S 31		F 31 ○

2029

JANUAR	FEBRUAR	MÄRZ	APRIL	MAI	JUNI
M 1	D 1	D 1	S 1	D 1	F 1
D 2	F 2	F 2	M 2	M 2	S 2
M 3	S 3	S 3	D 3	D 3	S 3
D 4	S 4	S 4	M 4	F 4	M 4
F 5	M 5	M 5	D 5	S 5	D 5
S 6	D 6	D 6	F 6	S 6	M 6
S 7	M 7	M 7	S 7	M 7	D 7
M 8	D 8	D 8	S 8	D 8	F 8
D 9	F 9	F 9	M 9	M 9	S 9
M 10	S 10	S 10	D 10	D 10	S 10
D 11	S 11	S 11	M 11	F 11	M 11
F 12	M 12	M 12	D 12	S 12	D 12 ●
S 13	D 13 ●	D 13	F 13 ●	S 13 ●	M 13
S 14 ●	M 14	M 14	S 14	M 14	D 14
M 15	D 15	D 15 ●	S 15	D 15	F 15
D 16	F 16	F 16	M 16	M 16	S 16
M 17	S 17	S 17	D 17	D 17	S 17
D 18	S 18	S 18	M 18	F 18	M 18
F 19	M 19	M 19	D 19	S 19	D 19
S 20	D 20	D 20	F 20	S 20	M 20
S 21	M 21	M 21	S 21	M 21	D 21
M 22	D 22	D 22	S 22	D 22	F 22
D 23	F 23	F 23	M 23	M 23	S 23
M 24	S 24	S 24	D 24	D 24	S 24
D 25	S 25	S 25	M 25	F 25	M 25
F 26	M 26	M 26	D 26	S 26	D 26 ○
S 27	D 27	D 27	F 27	S 27 ○	M 27
S 28	M 28 ○	M 28	S 28 ○	M 28	D 28
M 29		D 29	S 29	D 29	F 29
D 30 ○		F 30 ○	M 30	M 30	S 30
M 31		S 31		D 31	

JULI	AUGUST	SEPTEMBER	OKTOBER	NOVEMBER	DEZEMBER
S 1	M 1	S 1	M 1	D 1	S 1
M 2	D 2	S 2	D 2	F 2	S 2
D 3	F 3	M 3	M 3	S 3	M 3
M 4	S 4	D 4	D 4	S 4	D 4
D 5	S 5	M 5	F 5	M 5	M 5 ●
F 6	M 6	D 6	S 6	D 6 ●	D 6
S 7	D 7	F 7	S 7 ●	M 7	F 7
S 8	M 8	S 8 ●	M 8	D 8	S 8
M 9	D 9	S 9	D 9	F 9	S 9
D 10	F 10 ●	M 10	M 10	S 10	M 10
M 11 ●	S 11	D 11	D 11	S 11	D 11
D 12	S 12	M 12	F 12	M 12	M 12
F 13	M 13	D 13	S 13	D 13	D 13
S 14	D 14	F 14	S 14	M 14	F 14
S 15	M 15	S 15	M 15	D 15	S 15
M 16	D 16	S 16	D 16	F 16	S 16
D 17	F 17	M 17	M 17	S 17	M 17
M 18	S 18	D 18	D 18	S 18	D 18
D 19	S 19	M 19	F 19	M 19	M 19
F 20	M 20	D 20	S 20	D 20	D 20 ○
S 21	D 21	F 21	S 21	M 21 ○	F 21
S 22	M 22	S 22 ○	M 22 ○	D 22	S 22
M 23	D 23	S 23	D 23	F 23	S 23
D 24	F 24 ○	M 24	M 24	S 24	M 24
M 25 ○	S 25	D 25	D 25	S 25	D 25
D 26	S 26	M 26	F 26	M 26	M 26
F 27	M 27	D 27	S 27	D 27	D 27
S 28	D 28	F 28	S 28	M 28	F 28
S 29	M 29	S 29	M 29	D 29	S 29
M 30	D 30	S 30	D 30	F 30	S 30
D 31	F 31		M 31		M 31

NACHWORT: DER MOND INDESSEN

Während wir gerade für unser vermeintliches Glück die Ausbeutung der Erde in Kauf nehmen, die Rohstoffe in noch nie da gewesenem Ausmaß verschwenden, ja sogar erstmalig durch unser Tun das Klima durcheinanderbringen und uns über die Folgen streiten, dann wundern und zuletzt hilflos zusehen ...

Während wir Menschen Fast Food erfinden, Betonburgen in Bausondermüll einhüllen, die fossilen Energien mutwillig verschwenden, die Kranken und Alten wegsperren, die Gesunden in krank machende Stresssysteme pressen, dem Geld, der Macht, der Karriere nachhetzen ...

Während wir Kriege führen, eine Welthälfte hungern lassen, wobei es inzwischen bereits mehr an Übergewicht Erkrankte als Hungernde gibt ...

Ja, während wir zusehen müssen, wie unsere Macht immer mehr zur Ohnmacht wird ...

Während wir all das tun, beleuchtet der Mond silbern den seltsamen menschlichen Flohzirkus auf Erden. Aus Sicht der Gestirne im unendlichen Weltall ist unser Treiben so winzig, so unbedeutend, so nebensächlich wie ein Lufthauch in der weiten Wüste.

Der Mond selbst, er zieht indessen unbeeindruckt seine Bahn rund um unsere Erde. Mild lässt er seine Kräfte hier bei uns spüren. Verlässlich wiegt er die Weltmeere nach seinem ewigen Takt in Ebbe und Flut.

Jedes große und noch so kleine Wasser gehorcht seiner Uhr. In den Pflanzen, in unserem Körper machen sich Moleküle nach seiner Rhythmik auf den Weg. Sie schaukeln hin und her, sie verändern regelmäßig ihren Ort oder ihre Bindungen. Innere Klarheit und regelmäßige Ordnung, den Takt des Lebens schaffen die Kräfte der Gestirne für die Wesen hier auf Erden.

Wir Menschen dürfen dennoch alles ausprobieren. Wir dürfen sogar Atomkraftwerke bauen, obwohl die Sonne täglich so viel Energie auf die Erde strahlt, dass die ganze Menschheit in der Lage ist, nur einen Bruchteil, ein Viertel, ein Achtel, ein Zehntel davon zu verbrauchen. Wer gibt uns so viel Freiheit, nur damit wir eines selbst lernen können?

Am Ende all unserer Entwicklungen steht die Erfahrung, dass es besser ist, mit der Natur zu arbeiten als gegen sie!

Wer liebt uns so sehr, dass wir so viel an Freiheit bekommen, nur damit wir den Wert dieser Schöpfung spüren, begreifen, verinnerlichen können? Woher kommt diese Liebe zu uns Menschen? Kann so etwas reiner Zufall sein?

In jedem Fall verdient unsere Situation im galaktischen Flohzirkus auf Erden Dankbarkeit. Dankbarkeit, die uns täglich die Augen öffnet, wenn wir in die Natur hinausgehen. Dankbarkeit, die uns die Gesundheit, die Lebensfreude fühlen lässt, die ein Baum uns Menschen bietet. Welcher Gabentisch ist für uns Menschen trotz allem Fehlverhalten immer noch bereitet:

Die Waldesluft, das inzwischen gemessene Energiepotenzial am Stammfuß eines Baumes, die ätherischen Öle, die uns auch noch im Haus aus Holz gesund und länger leben lassen.

Das Vorbild der Kreislaufwirtschaft des Waldes, die letztlich der einzig mögliche Ausweg aus unserer zerstörerischen Wegwerfwirtschaft ist.

Dankbarkeit für all das macht uns frei, öffnet unsere Augen und unser Herz. Erst wer für die Natur dankbar ist, kann ihr begegnen und sie erkennen. Dankbarkeit war und ist eine Grundhaltung von Ernst Zürcher bei seinen Forschungen. Die Stille, die achtsame Konzentration und Ausdauer, die Demut, immer nur Beobachter zu bleiben, sind allerwichtigste Voraussetzungen für einen Forscher, der wirklichen Erfolg, echte Erkenntnisse gewinnen will. Genau diese Eigenschaften wachsen aus der Dankbarkeit für die Natur.

Dankbarkeit ist aber auch eine Zauberformel für jeden von uns. Sie löst sinnlose Leidenschaften (die nur Leiden schaffen), sie macht unseren Geist und unsere Seele frei. Sie schirmt uns ab vom täglichen Manipulationsmüll der Werbung. Wer am Morgen auf dem Weg zur Arbeit froh und dankbar die Stimme eines noch so kleinen Vogels hören kann, wer in dieser Hoffnung einen Baum am Wegesrand beachtet, der hat unglaublich viel für sein körperliches Wohlergehen, für seine Gesundheit und Schaffenskraft getan. Ohne dankbar zu sein für das tägliche Angebot, mit der Natur zu gehen, hätte dieses Buch nicht geschrieben werden können.

Jetzt danke ich aber allen Menschen, die ihre Erfahrungen auf dem Weg mit der Natur für andere aufgezeichnet haben, sie überliefern und das auch weiterhin so tun.

Besonders danke ich meinen Leserinnen und Lesern, dass sie sich Zeit für dieses Buch nehmen und wertvolles Wissen weitertragen, das Buch weitergeben, verschenken.

Ich danke allen, die den Willen haben, den Weg gegen die Natur in einen Weg mit der Natur umzuwandeln.

Tun wir es. Beginnen wir es jetzt gemeinsam.

Denn dafür wurde uns unser Dasein auf Erden geschenkt. Wir dürfen, wir sollen selbst das tun, das wir im tiefsten Herzen als gut, richtig und nötig erkennen. Die innere Stimme hören wir in der Stille. Sie ist es, die uns mit der Natur, mit den Kräften des Kosmos verbindet.

SERVICE UND QUELLEN

Weitere Informationen, Bezugsquellen, Adressen von Holzhotels und Pensionen zum Probewohnen sowie ein Verzeichnis von Handwerkern und Architekten finden Sie unter: www.thoma.at

Kontaktadresse zum Autor: info@thoma.at, www.thoma.at

ZÜRCHER, E.; Mondbezogene Traditionen in der Forstwirtschaft und Phänomene in der Baumbiologie (2000)

BARISKA, M.; RÖSCH, P.; Fällzeit und Schwindverhalten von Fichtenholz (2000)

NIEMZ, P.; KUCERA, L.; Zum Einfluss des Fällzeitpunktes auf wesentliche Eigenschaften von Fichtenholz (2000)

SEELING, U.; Ausgewählte Eigenschaften des Holzes der Fichte in Abhängigkeit vom Zeitpunkt der Fällung (2000)

TEISCHINGER, A.; FELLNER, J.; Alte Regeln neu interpretiert – Praxisversuche mit termingeschlägertem Holz (2000)

TRIEBEL, J.; BUES, C.; Forstgeschichtliche Betrachtung zur Bedeutung der mondphasenabhängigen Fällzeitregelung in Forstordnungen und anderem forstlichen Schrifttum (2000)

ZÜRCHER, E.; Trocknungs- und Witterungsverhalten von mondphasengefälltem Fichtenholz. Schweizerische Zeitschrift für Forstwirtschaft Nr. 154 (2003)

HOLZKNECHT, K.; ZÜRCHER, E.; Tree stems and tides – A new approach and elements of reflexion. Schweizerische Zeitschrift für Forstwirtschaft Nr. 157 (2006)

ZÜRCHER, E. et al.; Looking for differences in wood properties as a function of the felling date. Springer Verlag (2009)

ZÜRCHER, E.; Reversible variations in some wood properties of norway spruce, depending on the tree felling date. Nova Science Publishers (2012)

DANKSAGUNG

Allen, die mir bei der Entstehung des Buches geholfen haben, danke ich von Herzen. Nur mit euch ist es gelungen. Ganz besonders danke ich allen, die sich auf den Weg machen, die Botschaft hinaustragen, das Buch weiterschenken. Und vor allem Danke an alle, die etwas tun, damit auch noch unsere Kinder eine gute Welt vorfinden.

Bildnachweis: S. 8/9, 16/17, 36, 47, 56, 135, 158/159, 204, 208/209, 234/235: Thoma Holz GmbH/Jan Ludwig; S. 28: Rachele Z. Cechini; S. 30/31: Filmarchiv Austria/ Gerald Zugmann; S. 33, 105: Filmarchiv Austria/Matthias Partmann; S. 37, 69, 176: Thoma Holz GmbH; S. 53: Prof. Peter Pauli und Dr. Dietrich Moldan „Reduzierung hochfrequenter Strahlung im Bauwesen", Mai 2000; S. 60/61, 79, 80/81, 89, 206: Johann Buchner GmbH/Sebastian Jahn; S. 63, 78, 84, 87, 92, 95, 102: Thoma Holz GmbH/Elisabeth Thoma; S. 72: Dr. Kuba, Techn. Univ. Graz 2001; S. 76: MVPhoto/ Shutterstock; S. 82 oben: Abensberger H100 Haus; S. 82 unten: Velux Deutschland; S. 85, 86: Mathias Feuerstein; S. 90 oben, unten links: Thoma Holz GmbH/Todd Pierce; S. 90 unten rechts: Thoma Holz GmbH/Stephan Wiesinger; S. 93: Saller und Schöffmann Architekten/Abensberger H100; S. 94: E. Steiner; S. 97, 98/99, 100: Velux Deutschland, S. 101: Forsthofalm/Günter Standl; S. 103: Archeneo GmbH; S. 104: Beat Auf der Maur; S. 107, 108: N11 Architekten GmbH/Sascha Schär; S. 111: N11 Architekten GmbH; S. 113, 118 unten rechts, 123, 124, 125: Roger Lindauer; S. 114, 118 oben, unten links: Roger Lindauer/Markus Käch; S. 127, 129: Thoma Holz GmbH/Richard Thoma; S. 138 oben links: Ballast Nedam/Luc Weerts; S. 138 oben rechts, unten, 151: Petra Höglmeier Photography; S. 142, 143: Fischer+Meyer Architekten+Ingenieure/4D-Grafik und Mediendesign; S. 154/155: www.leofellner.com; S. 157: Thoma Holz GmbH/ Erwin Thoma; S. 160: foto-begsteiger.com/United Archives/picturedesk.com; S. 163: akg-images/picturedesk.com; S. 191: E. Zürcher